陕西历史文化
名镇系列丛书

高家堡古镇

史怀昱　主编

魏博　姚海旭　副主编

陕西省城乡规划设计研究院　组织编写

中国建筑工业出版社

《高家堡古镇》
本书编写组

主　　编　　史怀昱
副 主 编　　魏　博　　姚海旭
编写人员　　赵海春　　王月英　　文　雯　　李　佳　　王莉莉
　　　　　　苏子航　　刘　畅　　贾梓苓　　李小明　　李成兵
　　　　　　王崇旭　　吴　哲　　刘　亮　　强紫媛　　吴　欢
　　　　　　郭　芳　　赵　益　　范林虎　　刘亚功　　刘忠雄（大雄）

前言

　　高家堡作为明长城沿线军事聚落的基层防御单位，是明朝九边防御体系中重要的边塞古堡，后期逐渐发展为晋、陕、蒙之间的通商大埠，也是目前西北地区保存最完好的古城堡之一，素有"陕北名堡"之美誉。古镇始建于明中期，成形于明末清初，鼎盛于清中后期至民国。时至今日，以中兴楼为核心的十字街巷格局清晰，古色古香的合院民居星罗棋布，城垣、城门等城防设施气势雄浑，其周山环水、庙窟拱卫之势依旧。古镇东北约 2km 处的石峁遗址，是目前中国已发现的龙山时期到夏早期时期规模最大的城址，以"中国文明的前夜"入选 2012 年全国十大考古新发现和"世界十大田野考古发现"，并于 2019 年被列入《中国世界文化遗产预备名录》，于 2023 年被正式授牌为国家考古遗址公园。

　　巍巍石峁，悠悠古镇，作为历史记忆的见证者，是构成了高家堡独特的历史文化底蕴。作为中国历史文化名镇，高家堡古镇拥有依山傍水的自然文化景观，悠久丰富的历史文化遗存。如何将自然文化景观和历史文化遗存进行有效保护并合理利用，让它们在新时代焕发生机，是我们对过去的责任，也是对未来的承诺。希望通过这本书，能让更多的人了解高家堡，认识这些散落在草原上曾经的遗迹。

　　陕西省城乡规划设计研究院与高家堡镇结缘已久，先后在 2008 年、2012 年编制过两版高家堡镇总体规划，并于 2013 年配合高家堡镇人民政府进行中国历史文化名镇的申报工作。2014 年，高家堡成功入选第六批中国历史文化名镇后，陕西省城乡规划设计研究院继续承担了《高家堡历史文化名镇保护规划》的编制任务。2019 年，随着石峁遗址被列入《中国世界文化遗产预备名录》，陕西省城乡规划设计研究院再次承担了《高家堡历史文化名镇保护规划》的编制工作。经过数次规划的编制，陕西省城乡规划设计研究院充分认识了高家堡古镇历史文化的特殊性和珍贵性。为了不断提高大家的保护意识，陕西省城乡规划设计研究院组织编写了"陕西历史文化名镇系列丛书"之《高家堡古镇》，希望通过本书的编撰，能够将高家堡古镇的历史信息以一种真实、可读的形式记录下来，让读者能够更加直观地了解高家堡的历史文化、选址格局、建筑特色、非物质文化遗产等；希望通过这本书，为研究者提供详实的参考资料，为普通游客提供实用的旅游指南，也希望能在社会各界达成共识，保护历史文化遗产，弘扬边塞传统文化。

　　本书的编撰工作经过长时间的筹备，在前期项目的基础上，又进行了相关书籍、档案、论文等文献资料的补充。为了完成书稿的写作，编写组多次深入古镇街巷，与古镇居民同吃同住，详细收集并积累有关高家堡地理环境、建筑特色、装饰细节等的大量第一手资料，并通过采访当地居民、历史见证者，了解核实真实情况；在章节安排上对古镇进行剥茧抽丝，通过层层拆解，将一个历尽沧桑的古镇徐徐展现在读者眼前，使其尽量是立体的、鲜活的、有生命力的；在表达形式上注重图文并茂，通过生动的实物照片和精细的测绘图纸，将古镇的风貌、历史、文化以及居民的生活状态真实地呈现给读者。希望可以让更多读者了解高家堡这些珍贵的历史文化遗产，进而做到科学保护，有效传承，永续利用。

目 录

第一章　基本情况

一、基本镇情

高家堡镇，属于陕西省榆林市神木市，地处神木市中南部秃尾河畔，其东与神木市迎宾路街道接壤，东南与花石崖镇、贺家川镇为邻，西南邻榆林市榆阳区大河塔镇，西北与大保当镇、锦界镇相连，镇域总面积 794km²，是陕西省国土面积最大的镇。下辖 36 个行政村 1 个社区，常住人口约 4.8 万人。

二、古镇美誉

高家堡古镇始建于明正统四年（1439 年），是明朝"九边重镇"之一延绥镇（也称榆林镇）的三十七个军事营堡之一❶，与镇川堡、瓦窑堡、安边堡合称"陕北四大名堡"。

高家堡古镇历史上地处中原农耕文化与北方游牧文化的碰撞交融地带，曾是长城边关的一座重要军事要塞，也是陕、蒙、晋之间的通商大埠，至今仍基本完整地保留了明清时期的传统格局与风貌，是我国西北地区保存最完好的"军事寨堡城镇"，有独具特色的历史价值。2008 年，高家堡古城被陕西省人民政府公布为第五批省级重点文物保护单位。2014 年，高家堡镇入选第六批中国历史文化名镇。

---

❶ [明] 郑汝璧等纂修，陕西省榆林市地方志办公室整理 . 延绥镇志 [M] 上海：上海古籍出版社，2011：4.

三、自然环境

（一）地质地貌

高家堡镇域位于毛乌素沙漠南缘，地质构造属鄂尔多斯地台。镇域内地形差异大，整体地形东北高，西南低，微呈倾斜，相对高差200余 m，海拔一般介于 1080~1280m。

秃尾河由北向南纵贯全镇，东西则有永利河等若干支沟把全境切割成"川""沟""梁"不同地貌，可分为川滩区、沙地区、山地区三种自然景观单元。川滩区主要分布于秃尾河河谷和较大支沟中，微地貌有河床漫滩、Ⅰ级阶地和Ⅱ级阶地，多为耕地，该区域村庄与人口相对集中，高家堡古镇就位于此；沙地区主要分布于秃尾河西，红柳沟、扎林川流域的大部分地区，微地貌有流动沙丘、半固定沙丘、固定沙丘以及丘间洼地，经过多年绿化，区域植被覆盖率在80%以上；山地区主要分布于秃尾河以东大部分地区，为全镇主要地形，山地东高西低，山丘起伏连绵，呈浑圆形长梁状，以黄土裸露的梁峁为主，山大坡缓，沟梁相间，梁峁受风雨侵蚀严重。

（二）河流湿地

高家堡镇域内河流属黄河水系，主要有秃尾河及其支流采兔沟、青阳树沟、团团沟、芦沟、喇嘛沟、红柳沟、永利河、王界沟、扎林川、青阳沟、小川沟、桃柳沟、耀邦沟等。秃尾河湿地属典型的河流湿地。

秃尾河为黄河右岸一级支流，居窟野河和佳芦河之间，处于神木市西南，与榆林市榆阳区、佳县搭界。一说汉代名圁水，一说汉代名诸次水❶；后名吐浑河，明代称秃尾河或毒尾河。由于源出沙漠区，且支流稀少，故得"秃尾"之名。上源有二，西支圪丑沟，东支正源出公泊海子，汇合后称秃尾河。流经锦界、高家堡至乔岔滩，为神木市

---

❶ 谭其骧《中国历史地图集》标注秃尾河为圁水，陈可畏《论战国时期秦、赵、燕、北部长城》认为诸次水即秃尾河。参阅：中国长城学会. 长城国际学术研讨会论文集 [M]. 吉林：吉林人民出版社，1994.

与榆林市榆阳区界河，经乔岔滩往下，又转为神木、佳县两市（县）界河，于神木市万镇的河口岔汇入黄河。河长140km，流域面积2370km²，河道平均比降3.87‰，有较大的支流15条。镇域内河流长约48.8km。

永利河，为秃尾河左岸重要支流，又名洞川沟、李家洞沟，当地俗称"小河"。一说汉代名神衔水，一说汉代名小榆水。源自啊包塔村南峁沟，主要是由上游黄土丘陵区基岩风化裂隙水，以及少量沙漠孔隙潜水等地下水构成的常年性河流。长度约22km，流域面积208km²，在高家堡古镇北注入秃尾河，年平均流量为41.31万m³。

秃尾河湿地，包括秃尾河河道、河滩、泛洪区及河道两岸1km范围内的人工湿地。湿地发育所需要的水资源，主要源于地下水维持和地表水补给。古今滩沼泽地为湿地内面积最大、最典型的沼泽。2008年8月6日，秃尾河湿地被列入《陕西省重要湿地名录》。区域内动植物种类明显多于一般旱地，沿河观察到的保护鸟类和重点鸟类有黑鹳、红隼、大天鹅、小天鹅、大白鹭、苍鹭、燕鸥等。

图1-1 永利河在高家堡古城北注入秃尾河

（三）土壤植被

高家堡镇土壤类型主要有风沙土、红土、淤土、栗钙土、粗骨土、黑垆土等，植被以草本植物为主，部分木本植物和少量灌木。

川滩区，以沙丘地、亚砂土、亚黏土为主，地形较为平坦，植被茂盛。主要有自然生长的芦苇、水草，人工栽植的杨树、柳树及农作物。

沙地区，土壤以栗钙土、粗骨土及风沙类为主。植物群落以沙蒿、白沙蒿、黑沙蒿、沙鞭、沙柳为主，臭柏次之，蒿类植物生长旺盛，耐旱，沙柳较少，根系发达，叶面窄长。

黄土沟壑山地区，为绵沙土或黄绵土，还有淤土、潮土、黑垆土等，土壤均较瘠薄。沙蒿、沙柳等耐旱低矮的灌木较少，人工栽植的杨树较多。黄土丘陵区以黄土性土壤及红土性土壤为主，植被以较高的灌木（丛）、耐旱的沙蒿为主，有稀疏的乔木。

（四）自然气候

气候属温带半干旱大陆性季风气候，四季分明，冷暖有序。春季升温快，日温差较大，干燥；夏季干燥而较热；秋季天气晴朗，凉爽宜人；冬季漫长而严寒。全年日照丰富，空气干燥，冷热变化剧烈，大风和风沙多。多年平均气温 9.2℃，气温最高的 7 月平均气温 24.2℃，气温最低的 1 月平均气温 -8.6℃；最大冻土深度 1.46m。年平均降水量 410.3mm，主要集中在 7~9 月，年平均蒸发量 919.9mm。

风向季节性强，冬季盛行西北风或偏北风，夏季盛行东南风或偏南风，年平均风速 1.6m/s。年平均日照时数 2715.8h，日照百分率为 62%。

第二章　文化遗产

一、物质文化

　　高家堡镇现有全国重点文物保护单位1处（石峁遗址），省级文物保护单位3处（高家堡古城、战国秦长城遗址、明长城遗址），市级文物保护单位6处（中兴楼、虎头峁伏智寺石窟、兴武山庙群及千佛洞·万佛洞、兴龙寺、永兴寺石窟、沙沟观音殿·龙王庙）。

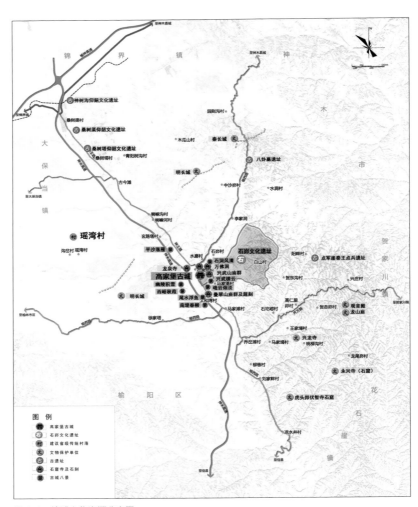

图 2-1　镇域文化资源分布图

高家堡物质文化要素一览表

表 2-1

类别	数量	内容	类别	时代	所在地	公布时间
国家级重点文物保护单位	1	石峁遗址	遗址	新石器	高家堡镇石峁村	2006.5.25
陕西省重点文物保护单位	3	高家堡古城	古建筑	明~清	高家堡镇中心	2008.9.16
		战国秦长城遗址神木段	长城	战国~秦	高家堡镇	2017.4.18
		明长城遗址神木段	长城	明	高家堡镇	2017.4.18
神木市重点文化保护单位	6	中兴楼	古建筑	明	高家堡镇高家堡古城中心	1988.7.17
		虎头峁伏智寺石窟	石窟	宋	高家堡镇凉水井村	2004.6.14
		兴武山庙群及千佛洞·万佛洞	古建筑 石窟	北魏~元明	高家堡镇	2004.6.14
		兴龙寺	古建筑	清	高家堡镇桃柳沟村	2006.12.28
		永兴寺石窟	石窟	明	高家堡镇龙尾峁村南	2006.12.28
		观音殿·龙王庙	古建筑	清	高家堡镇沙沟村	2013.1.28

1. 石峁遗址

石峁遗址位于高家堡镇东北约 2km 处，地处秃尾河及其支流永利河交汇的陕北黄土高原北部边缘台塬山峁上。遗址形成于新石器时期龙山文化中期略晚，延续至龙山晚期，直至夏代二里头早期阶段，距今 4300~3800 年左右，是中国北方地区一个超大型中心聚落。古城遗址形制完备、结构清晰、保存良好，城内面积逾 400 万 m^2，是我国已发现的龙山晚期到夏早期时期规模最大的城址，其规模远远大于年代相近的良渚遗址（300 多万 m^2）、陶寺遗址（270 万 m^2）等已知城址。石峁城址以"皇城台"为核心，内、外城墙呈半包围状将"皇城台"环抱，依山势而建，形状大致呈东北－西南方向，气势恢宏，建构技术先进，为国内同时期遗址所罕见。城内密集分布着宫殿建筑、房址、墓葬、手工业作坊等龙山文化晚期至二里头早期遗址，城外还有数座"哨所"预警遗址。❶

---

❶ 陕西省考古研究院，榆林市文物考古勘探工作队，神木县文体广电局，神木县石峁遗址管理处.发现石峁古城 [M].北京：文物出版社，2016.

图 2-2　石峁遗址鸟瞰（摄影：大雄）

　　2006 年，石峁遗址被国务院公布为第六批全国重点文物保护单位。2013 年以"中国文明的前夜"入选"2012 年十大考古新发现"和"世界十大田野考古发现"以及"21 世纪世界重大考古发现"，成为中国考古领域年度重大事件之一，被称为"石破天惊"和"改写中国文明史"的考古发现。2019 年，石峁遗址皇城台再次获评"2019 年度全国十大考古新发现"。2019 年 5 月，石峁遗址被列入《中国世界文化遗产预备名单》。石峁遗址是 21 世纪中国最为重要的考古新发现之一，引发了学术界关于中国文明起源与形成过程多元性的再反思，对于探索早期国家形成具有重要启示意义。❶

　　❶　陕西省考古研究院，孙周勇，邵晶，邸楠.石峁遗址的考古发现与研究综述 [J].中原文物，2020（1）.

图 2-3 烽火台

2. 长城遗址

高家堡境内保存着战国秦长城，明"大边""二边"长城遗址，三条长城大致均呈东北—西南走向，跨越山区、河流和沙地，由北向南横亘在镇域中北部，且基本平行，是镇域内规模最大的线性历史文化遗产，也是农耕文明与游牧文明长期对峙，民族交流融合的历史见证。

3. 高家堡古城

高家堡古城，唐属丰州地，旧称飞鸦川、弥川，位于神木县城西50km 的秃尾河东岸，西北距明长城约 5km。据清道光版《神木县志》载：城池始建于明正统四年（1439 年），原隶属佳州，清末划归神木。该城原为夯筑土城，明万历三十六年（1608 年）用砖包砌，清乾隆十五年（1750 年）、三十三年（1768 年）两度重修，后多次修葺，是神木乃至整个陕北较为完整的一座城堡，也是陕西省内唯一保存良好的明代官式军事寨堡，价值独特。

图 2-4　高家堡古镇鸟瞰

图 2-5　高家堡古镇冬景（摄影：大雄）

4. 兴武山庙群及千佛洞·万佛洞

兴武山，俗称无量山。位于高家堡镇东南约 1km 的山顶上，绝壁
开窟，峰巅巨石围筑小包城一座，暗洞石栈勾连上下两院，建有真武
庙、老君殿、玉皇阁、三官洞、古佛洞、三霄洞、药王殿、东西配殿、
钟鼓楼、戏台、山门、僧会房等。山腰石壁题刻较多。清王兴的"塞
北蓬瀛"四字字大逾丈，间架雄浑，笔力俊迈。山岩侧西劈凿神道，
自山下砌阶联贯，通天彻地，四望凭虚，阶窄仅容半足，攀援处扪心
碰鼻，如登天梯。清李秀题额曰："峻极天"。

图 2-6　兴武山（摄影：大雄）

图 2-7　清代王兴题字"塞北蓬瀛"

图 2-8 绝壁开窟

　　高家堡镇东山上亦有庙群多处，龙王庙、老爷庙、文昌庙、马王庙、姑姑庵，这些庙宇多古柏苍松，一树擎空，远望如云，躯干粗壮处两人难以合抱。旧存许多匾额法书、经典绘塑和铜铁造像，向为远近士人所推崇。老爷庙"山河永固""人伦之至"及王兴绝笔"威灵威圣"等石刻、木匾最为精妙，人称"神品"。千佛洞、万佛洞在断崖上开凿而成，两处洞群历史久远，明万历期间题刻即称为"千年古窟"，有关专家则赞之为"陕北地区石佛窟之冠"。

图 2-9　清李秀题"峻极天"　图 2-10　东山石窟

图 2-11　兴武山庙群

图 2-12　钟鼓楼

图 2-13　彩绘

图 2-14　万佛洞

图 2-15　千佛洞、万佛洞石雕

5. 兴龙寺

兴龙寺位于桃柳沟寨山顶部，始建于道光年间，后历经多次修葺形成庙群。"文化大革命"时期局部遭破坏，2005年修复扩建。庙群整体建筑坐东北向西南，为长方形四合院建筑，以典型的陕北窑洞为主体，衬以硬山顶带前廊，由一新建楼阁式二层过洞（一层为拱形石砌过洞，二层四角挑檐亭式建筑施琉璃瓦带脊兽）进入庙院，正殿为三孔窑洞，中间一孔供奉玉皇大帝，左右分别为娘娘庙、无量祖师庙，正殿西北侧左右为两耳窑，分别供奉地藏王、关帝圣君，院中央建一影壁开一小窑洞供韦驮。庙内壁画均为民国时期遗存，另遗留有清咸丰六年（1856年）铸大铁钟一口（高1.13m，口径80cm，重约300kg），清咸丰七年（1857年）铸铁磬一个（高20cm，口径28cm）清道光年款碑刻两通，清光绪年款碑刻两通。庙群四面环山，古树簇拥，下临小溪，环境得天独厚，建筑规模不大，但布局合理、严谨，遗留文物丰富，做工精细，保护相对完整，加之张秀山、张江权、张如旺等革命前辈皆在此立志报国投身革命，更为庙群平添几分神秘色彩。庙群丰富的文化内涵以及近代的红色革命史，使庙群更具文化、艺术、历史价值。

6. 永兴寺石窟

永兴寺，位于龙尾峁村西南 2km 处，该寺庙及石窟始建（凿）于明初，明代中叶及清、民国年间均有增修（凿）。寺庙坐北向南，平面呈长方形、平顶，石窟凿于东西流向的小河旁的山崖上，共凿 9 窟。西三窟保存较好，面宽 2.5~6.4m，高 1.26~4.9m，进深 2.64~8.3m，窟内彩塑三教圣人，十大明王及文殊、普贤像，左右壁彩绘九曜星君、地藏、十王、弥勒佛、天龙八部及千佛 5000 余尊，藻井浮雕龙、凤、花草等图案，还遗有石狮 1 对，钟鼓楼等建筑，以及明成化年、清同治十一年（1872 年）、1914 年款庙碑名一通。20 世纪 90 年代后期，周边群众自愿集资维修了寺庙内损毁的一些建筑和门窗、道路等设施，栽植了树木，现寺庙景观甚幽，是神木市南部遗存较为完整的一处石窟寺庙。每年的农历七月二十四日至二十六日是庙会之期，期间有庙戏助兴，远近香客、商贾云集于此进行朝拜和农贸交易。

7. 沙沟观音殿·龙王庙

观音殿位于高家堡镇沙沟村村南 0.5km 处，庙群建筑占地约 300m^2，始建于清代，"文化大革命"期间遭毁，20 世纪 80 年代后期，当地群众自愿集资投劳在原址上修复。现遗存有嘉庆十年（1805 年）石碑一通，咸丰七年（1857 年）石碑一通，嘉庆十一年（1806 年）铁磬一口，庙内壁画保存较好。观音殿西北约 100m 处有石窟一处。

龙王庙距观音殿约 0.5km，占地面积 200m^2，始建年代不详，"文化大革命"期间遭毁，20 世纪 80 年代后期，当地群众自愿集资投劳在原址上修复。现遗存有康熙四十六年（1707 年）铁钟一口，康熙四十七年（1708 年）铁磬一口。

二、非物质文化

作为中原黄土农耕文化与北方大漠游牧文化的结合地与过渡带，高家堡的文化在体现黄土高原文化特征的同时，又将细腻的中原文化与粗犷的塞外文化融合发展。这里非物质文化遗产种类多样，可划分为民俗、曲艺、传统舞蹈、传统技艺、特色饮食、艺术作品等六个板块。民俗主要包含集市庙会、农耕习俗、婚假礼仪等；传统曲艺中的酒曲、晋剧、二人台历史悠久，常演不衰；传统舞蹈以秧歌、抬灯官、霸王鞭、火塔塔为代表；传统技艺则以手工地毯、柳编、剪纸最具特色；特色饮食品种繁多，以炖羊肉、烩酸菜、月饼、浑酒为代表，风格风味各异，具有很强的包容性；艺术作品是一些以高家堡镇为取景地的影视作品，其中以《平凡的世界》最为有名。

非物质文化要素一览表 表2-2

类别	内容
民俗	集市庙会、农耕习俗、生活习俗、婚嫁礼仪、岁时节俗等
曲艺	酒曲、晋剧、秦腔、道情、二人台、唢呐、眉户调等
传统舞蹈	秧歌、抬灯官、霸王鞭、火塔塔等
传统技艺	手工地毯、柳编、剪纸等
特色饮食	月饼、浑酒、炸油糕、粉皮、烩酸菜、炖羊肉等
艺术作品	电视剧《平凡的世界》《温州一家人》《鬼吹灯之龙岭迷窟》《啊摇篮》拍摄地

（一）民俗

1. 庙会

高家堡庙会有"定日子"定期庙会与"活日子"临时性庙会两种，大庙会多为"定日子"会，较小的庙会多为"活日子"会。但一个庙宇通常每年举办一次庙会，会期三天，第一天为起会，第二天为正会，第三天为罢会，也有些庙会会期较长，如高家堡龙王庙会为七天。庙会一般集中在前半年，为避开最忙农时，各庙会举办时间，也交错安排，便于群众相隔参加。遇到瘟疫流行、天旱求雨或丰收喜庆等特殊情况，临时也可举行酬神庙会。

历史记载的高家堡镇庙会活动包括中兴楼法会、叠翠山庙会、兴武山庙会等，有十七个之多。"文化大革命"时期，众多庙宇遭破坏，庙会活动一度中断。改革开放后，庙会活动有所恢复，但敬神礼佛活动减少，庙会功能趋向娱乐交际。较为隆重的庙会有兴武山庙会、叠翠山庙会、虎头峁庙会及高家堡城隍爷出府仪式。

兴武山主祀真武大帝，农历正月初八日为香烟会，三月十八日、四月初八日、六月十九日为唱戏庙会。明朝官方崇拜真武帝，故影响极大，庙会尤其隆重。会场旌旗飘扬，香烟缭绕，鼓乐喧天，信众摩肩接踵，祈福旅游。

叠翠山主祀送子娘娘，农历三月初三日、三月十八日至二十日为香烟会，求儿乞女的信众燃烛烧香、摆贡设祭、抽签卜卦、许愿还感。

虎头峁伏智寺庙会为农历八月初一日前后三天。因地处神木市、佳县、榆阳区三地交界，三乡九村的赶会群众如潮而至，会场内人流如织，摊贩如云，佳县的马蹄酥、碱饼子，榆阳的豆腐、稻米，神木的地毯、小吃，鄂尔多斯的奶茶、羊绒，山西的莜面、陈醋一应俱全，牲畜、物资交易频繁，赏景游玩、相亲定亲者也穿梭其中，热闹非凡。

城隍爷出府仪式每年举行四次，分别在农历正月十五日、清明节、七月十五日和十月初一日。仪式盛大隆重，旗、伞、扇、兵器等仪仗齐全，游行队伍抬着城隍爷偶像的大轿，推着上面站立着地方大爷张广才偶像的独轮车，响吹细打，鸣锣开道，沿街巡行，观者如云。城隍爷出巡之日，全城断屠，屠户们争先恐后为城隍爷抬轿。农历五月十一日为城隍爷生日，城隍庙张灯结彩，俎豆并陈，唱戏三天，东街戏楼下戏迷云集，熙熙攘攘。❶

---

❶ 陕西省神木市高家堡镇志编纂委员会编. 高家堡镇志 [M]. 北京：方志出版社，2018.

2. 生活习俗

拜拜识。高家堡素为人口迁徙集散地，行商务农，少不了朋友帮忙。意气相投、性格相仿的朋友便"拈香"结拜，按齿论序，互称"拜识"。城镇稍有文化者互换兰谱，农村汉子则称"磕头兄弟"，晚辈称对方之父为"拜老子"。"拜识"们喝酒吃肉，事务往来，农事生意互相照顾，生老病死倾力相助。社交方式与时俱进，但古道热肠、诚信待人的乡风犹存。

（二）曲艺

1. 酒曲

高家堡饮酒唱曲的习俗由来已久。因黄土文化和草原游牧文化的影响，人们喜欢饮酒，喜欢借着酒劲抒发内心的情感，有酒就有曲，无曲不饮酒，无曲不成宴，即兴演唱，酒曲作为人们表达情感的一种艺术形式保留下来。

酒曲是人民群众在婚姻嫁娶的宴席场面或欢庆丰收、逢年过节的大喜日子或平时与朋友聚会小宴时边饮酒边唱的一种民歌。曲调有的似"信天游"，有的像"爬山调"，大致可分为敬酒歌、劝酒歌、对酒歌、辞酒歌和戏谑歌。

酒曲无固定的格式，词大多是七字句或十字句，可以是两句一段或四句一段。其语言朴实，构思完美、生动，大部分都是触景生情，随编随唱，很能表达歌者的意愿和心情。如"二茬茬韭菜甑把把，好不容易遇在一搭搭"，"一墒高粱打八斗，高粱地里有烧酒。酒坏君子水坏路，神仙也出不了酒的够"。酒曲将人们生活中的喜怒哀乐、打情骂俏融入其中，传承着古礼，是十分珍贵的音乐遗产。

2. 二人台

二人台俗称双玩意儿、二人班，是一种舞蹈兼演唱的艺术形式，起源于山西，成长于内蒙古，于清初传入高家堡，在高家堡流传极广。

二人台多为两人对唱联舞，道具简单，演出方便。二人台不受场地限制，在村边、院落甚至家庭炕头都可以演唱；化妆简单，只用民

图 2-16　二人台

间男女服装一个扮男，一个扮女，以农具、筐筐、棍棒、草帽、纸扇为道具即可表演；伴奏只要洋琴、四弦、笛子等几件普通乐器即可。演出内容一般以表现男女爱情为主，极富乡土色彩和生活气息。

由于不断吸收本地民歌、一肠曲、方言、表演技巧等新的养分，高家堡二人台与现在流行于山西河曲、内蒙古东西两路的二人台有截然不同的风格。高家堡二人台较其他地方的二人台，不仅唱腔、牌曲更加粗犷豪放、丰美甜润，而且舞蹈动作也更为幽默泼辣、大方多姿。

3. 唢呐

唢呐历史悠久，本是流传于西域，唐时传入中原地区，距今已有两千多年。在陕北，最有魅力的民间乐曲非唢呐莫属，凡是遇到婚丧嫁娶、乔迁新居、过寿满月、庙会节庆等都要邀请唢呐乐班，吹奏助兴。

以前，唢呐班一般由五人组成，两人执唢呐，即一人吹高音（吹上手），一个吹底音（吹下手），其余三人一擂鼓，一拍镲，一打锣，音乐荡气回肠。而现在，新民歌、流行歌曲不断纳入其中，乐器引进笙、琴、小号等，乐队班子人员配置日趋增多，为陕北唢呐传承发展注入活力。

本地唢呐曲牌丰富，风格各异，有欢快的《大摆队》《得胜回营》《拜场》《红旗旗》等，有悲伤的《苦相思》《小寡妇上坟》《撒白银》《苦伶仃》等，吹鼓手根据不同场合选择合适的曲牌。

（三）传统舞蹈

1. 秧歌

秧歌是陕北人民逢年过节重要的文艺活动。高家堡秧歌队众多，中华人民共和国成立前有学校、商号和部队的秧歌队，中华人民共和国成立后学校、生产队、木业社等甚至大的村庄也有自己的秧歌队。

扭秧歌是最常见的形式，每逢节日，众人腰扎彩绸或手持鲜花等，在领头人的带领下，不断变化动作、队形，现场锣鼓、唢呐等音乐升起，彩绸飘飘，锦扇翻腾，随歌伴唱。除扭秧歌外，本地秧歌的表演形式还有跑旱船、耍狮子、舞龙灯、骑竹马、担花篮、踩高跷、蛮公逗蛮婆等。抗战期间，高家堡迁入大量的河北顺德府商民，引进河北

图 2-17　秧歌队新年表演

大秧歌，鼓点节奏与本地大不相同。高跷队员的空翻特技，活灵活现
的龙灯舞狮，都深受群众喜爱。

2. 抬灯官

抬灯官又称独龙杠，是从明朝初期流传下来的一种舞蹈兼灯彩艺
术，每年元宵节晚上都有灯官爷查看灯火的表演。

相传灯官爷是皇封的七十二品半烟熏侯，扮演者需穿官服骑在 2m
高的独龙木架上，由数名扮为差役者抬着，在锣鼓开道、彩灯簇拥下，
随鼓点颤悠前进。后来木架化减为一根 5~7m 长的独杠，灯官骑在上
面口中念念有词（多为彩灯名目和吉庆的顺口溜），做着许多滑稽惊险
的动作引人发笑。骑独龙杠必须具备一定功夫和技艺，著名的老艺人
白登文可以撒开双手随木杠上下振动左右摇摆。

3. 霸王鞭

霸王鞭是一种手执响鞭在乐器伴奏下舞蹈的技艺。霸王鞭有单人、
双人、四人、多人舞等形式，动作有立打、坐打、滚身打等套数。道
具响鞭乃用一长竹竿或木棍，每隔约 20cm 处挖孔，钉入铜钱 2~3 枚、
可上下活动而发出声响。表演者舞蹈时手执双鞭或单鞭在本人身上和
地下旋击旋舞，发出沙沙响声，所以又叫"浑身响"。霸王鞭舞姿矫健
优美，给人以轻快活泼之感。

图 2-18　霸王鞭表演

4．火塔塔

火塔塔也叫绕火塔，是神木的一种年俗。由于当地盛产精煤，每到除夕和正月十五，村头、街头、广场等开阔场地会放置用青石做塔基和大块精煤垒成宝塔形的"火塔"，再填入柴火引燃。人们敲着锣鼓，吹着唢呐，男女老少结成秧歌队围着火塔欢歌起舞，传达着对幸福生活的祈愿。随着时代的发展进步，火塔塔也不断融入新的内容和表演形式，如音乐《火塔塔》以表演的形式将陕北过大年的习俗搬上了舞台。

（四）传统技艺

1．手工地毯

高家堡羊毛地毯编织技艺可追溯至清末，由宁夏人传入。初时地毯花色以二蓝、三蓝为主，间而有五彩、攀金、红底黄配、红底蓝配等，图案有万字边、赶珠边、云钩边等。编织时不预绘草图，由艺人凭记忆配织。毛线初始以土法着色，后由内蒙古传来在经线上预绘草图，按图编织，提高了精美度。改革开放初期，由社办工厂发展为村村立毯架、队队有毯坊。经过图案设计、配色、染纱、上经、手工、打结、平毯、修整等十几道工序，一块块色彩艳丽、图案精美、平整光滑、经久耐用的地毯便活灵活现地展现于人们眼前，畅销于内蒙古、山西、河北等地。

2．柳编

高家堡处于黄土高原和毛乌素沙漠的过渡地带，生长着大量的沙柳。人们用沙柳或者柠条编制各种容器。柳编器具不仅在生活中具有实用价值，而且在造型设计方面也颇有艺术价值。经过割柳、割皮、泡柳、搭框架编制、整形修编缠沿五个步骤，可制成各种朴实自然、造型美观、轻便耐用的实用工艺品。

3．剪纸

高家堡地处蒙汉过渡地带，又深受传统文化积淀滋养，剪纸风格古朴生动、多姿多彩，兼具北方的粗犷大气与南方的精巧细致。有的体现黄土高原本色，造型饱满厚实、特色鲜明、颇具美感；有的受草原文化影响，风格洒脱不羁，宗教崇拜气息浓重；有的小巧玲珑，图案花样繁复，柔中带刚。窗花、喜花、寿花、炕围花、祭祀花等样式各有千秋。剪纸作品寄托着人们对幸福平安、风调雨顺的质朴祈盼，"守门娃娃"消灾免难，大红公鸡"降妖驱魔"，狮子老虎镇守宅院，"莲生贵子"寓意人丁兴旺。逢年过节，门上、墙上、米缸、筷篓、神龛上都会贴上红色剪纸作品辟邪纳福，供人欣赏评谈。

（五）特色饮食

1. 月饼

高家堡月饼制作由来已久，老字号作坊众多，俗称"饼子铺"。平日制作的馇酥月饼，和面时加入鸡蛋、菜籽油，馅料包括白糖、红糖、瓜子、芝麻、玫瑰、葡萄干、青红丝等。烘烤月饼用的土质吊炉称为鏊子，炉下灶膛与炉上燃煤铁板两头加热，饼皮滋滋作响，逐渐焦黄，十余分钟便可出炉。月饼外皮酥而不碎，内馅甜而不腻，是居家食用、馈赠亲友之佳品。

2. 烩酸菜

腌酸白菜是高家堡家家户户冬春必备的食材，猪肉烩酸菜是风味独特的烩菜菜式。大块五花肉经过翻炒，依次放入土豆块、酸菜、粉条、豆腐，烩至汤汁收干。刚出锅的烩菜十分诱人，猪肉香而不腻，酸菜爽脆，土豆绵软，粉条滑润。大烩菜食材丰富，经济划算，敦厚实在。

3. 浑酒

又称米酒、黄酒或稠酒。隆冬时节，将新碾的软糜子淘洗干净，煮熟捞出，加入玉米芽或酒曲，密封于瓷坛，再置于热炕头发酵即成，口感细腻，甘醇香郁，消食化积，驱寒活血。春节之前，家家户户酿好浑酒，随时煮沸，或自饮或待客，故有"滚滚的米酒捧给亲人喝"之说。

（六）艺术作品

高家堡古镇保存完好，西大街具有20世纪70年代陕北城镇风貌。2014年，著名作家路遥同名小说改编的电视剧《平凡的世界》在古镇取景拍摄，高家堡声名鹊起，游客纷至沓来，感受"平凡的世界，不平凡的高家堡"。《温州一家人》《鬼吹灯之龙岭迷窟》《啊摇篮》等电视剧也相继在此取景拍摄。

三、历史人物

高家堡镇自古重文崇武，私塾公学，遍布城乡，人才辈出，代不乏人。光绪三十二年（1906年）创立高等小学堂，民国四年（1915年）创立神木县第二高等小学校、女子学校，践行新学，开授新课，清誉满校，人才济济。神木的史仙舟、张秀山、李登瀛等许多革命先驱，是由该校首先培养的；国家博物馆学家韩寿萱、国家八大名医之一的杭逢源以及北京大学、上海大学、保定军校、黄埔军校、抗日军政大学的刘大智、刘文蔚、张少波、张志明、石鸣等12名学子，也是在该校奠定文化基础的。

（一）韩士恭（约1853~约1906年）：首开榆林地区工业化先河

韩士恭，出生于清代咸丰初年，自幼聪慧，精明能干，尤擅经商，在高家堡经营着"东永生德""西永生德""永进美"等韩氏家族"永"字商号，并与宋氏合办可通汇通兑的钱庄。家族生意兴隆，富甲一方，是清朝晚期"杭、韩、彭、宋"四大家族之首。

清光绪二十四年（1898年），民族工业兴起，官府放宽民间办厂限制。韩士恭抓住机遇，在瑶镇（今神木市锦界镇）开办"永丰泉"碱厂，生产食用和洗涤的白锭碱，产品东销山西吕梁、太原、晋南地区，南销榆林地区及延安、关中等地，成为神木开办工厂第一人，开创榆林地区化工工业的先河。

光绪二十六年（1900年）九月，八国联军占领北京，慈禧太后率光绪帝逃至西安。慈禧在西安期间生活奢侈，支应浩繁，两宫每日花费白银200余两，当月耗费白银29万余两。榆林府为解决向朝廷纳贡费用问题，奏请慈禧太后下旨将永丰碱碱厂收归国有，赏韩士恭"六品顶戴"虚职。次年十月，《辛丑条约》签订，慈禧返京。韩士恭以为朝廷秩序恢复，碱厂理应归还，耗费了大量钱财四处申诉，却始终无果。时局混乱，韩氏生意受挫，家族产业逐渐萧条，韩士恭终积劳成疾，含恨离世，终年50余岁。

（二）民国国会议员裴廷藩（1879~1926 年）

裴廷藩，原名学增，字宜丞，原籍高家堡人。裴廷藩出生于清光绪五年（1879 年），幼时聪颖，13 岁考取秀才时项上还戴着麒麟锁，时人争睹"神童风采"。光绪三十一年（1905 年）十一月，以优廪生身份考入京师大学，光绪三十五年（1909 年）八月，奏奖师范科举人，中书科中书，之后在被誉为"西北学界旗帜"的陕西三原宏道高等学堂任教员。于此时期参加同盟会，为革命奔走呼号，在当地颇负盛名。

辛亥革命爆发后，裴廷藩与张凤翔响应武昌起义，在西安举事成功。辛亥革命胜利后，1912 年，被陕西省军政府委任为河套安抚使兼边墙内外团练使。旋任陕北安抚使，消灭了旧军杨昆山部，在陕北各县组建民国政权，委任各县县长。

1913 年，裴廷藩当选为国会议员，参加中华民国第一届国会选举。1915 年，袁世凯为求支持用重贿收买裴廷藩，劝其退出革命党，被慨然拒绝。裴廷藩写下了"天地洪炉造化身，炼就铁骨傲红尘。岂为五斗将腰折，愿作中原第一人"的诗句，以此明志，抵制袁世凯复辟帝制。他返乡办学，并组织地方保卫团。后陕西陈树藩响应讨袁，裴廷藩在榆林起兵，任榆林警备司令。

1919 年，裴廷藩南下广州参加非常国会，再次见到孙中山，积极协助民主建国。1922 年，作为直系特使冒险北上沈阳，同奉系张作霖商谈恢复法统事宜。

1924 年春，任绥远清乡总司令，广开农田。1926 年任绥远屯垦副司令，带领士兵 300 余名到东胜督办开垦。由于此前在天津《益世报》上发表过反对榆林军阀井岳秀的言论，故井岳秀指派部下偷袭，在东胜油坊梁将其枪杀，时年 48 岁。

裴廷藩于民国十四年（1925 年）所辑《退思堂诗稿》，现在存世，诗文俱佳。其中一篇《乱后吟》，描述了乱世百姓凄苦生活，表达了他忧国忧民的情怀："壮丁散四方，家中剩老妇。幼女在外逃，遇者蒙尘埃。雀巢鸠反居，有家不能首。既掠又要焚，室中一无有。"

（三）中国博物馆教育学家韩寿萱（1899~1974 年）

　　韩寿萱，字蔚生，中国第一位博物馆学教育家。韩寿萱少时就读于私塾，青年时家庭败落，但他勤奋好学，远赴山西汾阳铭义中学读书。1924 年，加入社会主义青年团，次年转入中国共产党，任中共汾阳特别支部书记。

　　1926 年，韩寿萱考入北京大学中文系，任中共北大地下支部书记。1929 年，积极营救被捕入狱的中共北平市委书记张友清，被誉为"及时雨"。1930 年，北京大学毕业后，任北京汇文女中国文主任，《新民报》总编辑。1931 年，被胡适及铭义中学原校长恒慕义推荐留学美国深造。在美国期间，分别在哥伦比亚大学、纽约大学研究院攻读博物馆学和教育学，荣获硕士学位。先后任美国华盛顿国会图书馆东方部中文编目员、纽约都市艺术博物馆远东部中国艺术副研究员。

　　1947 年，韩寿萱应北大校长胡适之邀，毅然回国，在北大开设博物馆学、中国美术史、中国雕刻史、编目与陈列等九门课程，历任副教授、教授、博物馆专修科筹备主任之职。为满足教学育才需求，他收集历史文物 3700 余件，自然标本和民族文物 2000 余件，利用电影放映机和幻灯机开展"形声教育"，广泛搜集国内外资料，编写教材讲义，亲自为学生授课，为国家培养了第一批博物馆专业人才。1948 年12 月，北京大学 50 周年校庆之际，正在积极筹建北大博物馆的韩寿萱，特举办文物藏品展览，其中漆器展览部分，得到朱家溍、陈梦家、张先和等专家学者的鼎力相助，好友沈从文还协助修改了《中国漆器展览概略》。

　　新中国成立后，韩寿萱先后任北京历史博物馆馆长、中国历史博物馆副馆长、九三学社中央常务委员和秘书长、第四届中国人民政治协商会议全国委员会委员、北京市政治协商会议副秘书长等职。1954 年，韩寿萱在故宫连续两天为毛泽东讲解"全国基本建设出土文物展览"。

　　韩寿萱一生致力于博物馆学与文物藏品保管的研究。著有《中国博物馆的展望》《望社会认识现代的博物馆》《北京大学五十周年纪念博物馆展览概略》《花纹与实物史料》及《略论实物史料与历史

《教学》等。1974 年 11 月 23 日，韩寿萱病逝，生前所藏所有图书全部捐赠中国历史博物馆。

（四）革命烈士史仙舟（1901~1942 年）

史仙舟，名步瀛，1901 年生于高家堡一个贫农家庭。史仙舟生性聪颖，学业优异，1921 年高家堡小学毕业后，考入太原山西省立第一中学，受进步思想熏陶，于次年加入社会主义青年团，积极参加傅懋恭（彭真）、王瀛等人领导的革命活动。

1923 年秋，史仙舟毕业回乡，次年受聘于神木县第一高小，任英文教员，并被选为县议会会长。他利用合法身份，向青年推荐进步书籍，传播新文化、新思想，提倡妇女放足、男女平等，成为当时神木新潮流代表人物，神木县政府还送给他一块"改良进步"的匾额。

1924 年，史仙舟加入中国共产党。次年投笔从戎，任胡景翼部独立旅旅长，在配合北伐军作战中屡建奇功。1927 年"四一二"政变后，独立旅在驻马店被反动军队击败，史仙舟辗转到达北京参与中国共产党的秘密刊物《黎明》杂志。

1929 年，史仙舟任国民党军高桂滋部团长，并成为该部地下党负责人之一。1931 年 7 月 4 日，参加山西平定起义，成立红二十四军，在河北、山西转战数月后失败，史仙舟大难不死，返乡担任中共高家堡党支部书记。次年，被国民党县政府任命为第五区（高家堡区）区长。借此条件，他和支部其他成员多次为南乡党组织购买武器、修理枪支、提供情报，并协助他们抄没龙尾峁大地主李能成的浮财，为武装斗争筹措经费。1934 年 2 月史仙舟、康恭庵以共产党嫌疑罪名被捕入狱，由于真实身份未暴露，经地方绅士出面做保，于 4 月获释。

史仙舟出狱后，经组织批准转移到内蒙古桃力民。日寇进占杭锦旗，觊觎陕甘宁边区，史仙舟与韩峰于 1938 年 4 月组建桃力民抗日自卫军，史仙舟任副司令兼抗敌后援会委员，韩峰任参谋长，下辖两个大队，约 300 人，在伊克昭盟东起黄河、西至三段地的广大地区，同日寇和蒙奸作斗争，是当地抗日主力。1940 年，自卫军改编为两个保安团，史仙舟任一团副团长。在此前后，其多次到榆林购买武器，被国民二十二军发现后两次扣押。

1941年秋，史仙舟被绥远国民党逮捕，次年2月12日（农历腊月二十七），牺牲于狱中，时年41岁。中华人民共和国成立后，史仙舟被认定为革命烈士。

（五）高家堡现代教育奠基人刘培英（1866~1936年）

刘培英，字育卿，高家堡人。清末秀才，但思想先进，较早接受民主共和思想。民国初年，与裴廷藩、康希尧等开明人士积极筹办学校，打掉高家堡西街祖师庙神像，办起县立第二小学，为首任校长。

刘培英两次任高家堡小学校长，聘方镜堂、张子实等饱学之士执教，选用新教材，开设美术、音乐课，学校配备当时罕见的风琴。1923年，陕西省政治视察员庞恩浓视察神木，在报告中赞称："高家堡高小校系就该堡筹款开办，经费时形竭蹶。全恃该校长刘培英热心毅力，多方维持，故该校一切设备均有条理。"

刘培英默默耕耘，桃李满园。其学生中，史仙舟、刘文蔚、张秀山、王治歧等较早投身革命。刘培英思想新潮，提倡男女平等，创办女子学校，并倡导剪辫子，放"天足"，任"天足会"会长。民国十七年（1928年3月2日），省政府颁发奖状和奖章，表彰其劝放缠足事迹。

刘培英德高望重，处事公正，时人多称刘老先生，而不呼其名。时任陕北榆林观察使崔叠生赠匾"急公好义"。

（六）红色英杰刘文蔚（1905~1976年）

刘文蔚，字华甫，曾用名刘济生、赵云生，出生于高家堡镇，是神木最早参加革命的老干部之一。1915年他就读于高家堡小学，1921年以优秀的成绩考入榆林中学。在榆林读书时，受进步思想影响，开始学习马列主义理论，并热衷于革命活动。

1925年，刘文蔚经语文教师魏野畴和学生会主席刘志丹介绍，加入了中国共产主义青年团。这时他的家境好转，他自筹资金和其他进步学生创办了平民学校，并担任政务主任，为贫民子弟创造上学机会。他们还创办《榆林旬刊》《榆林之花》等刊物，订阅《向导》《华北先锋》《中国青年》《马克思主义浅说》《唯物史观》《共产主义礼拜六》等进步杂志，向广大青年学生宣传革命思想。他还多次向家里要钱，救济狱中同志，资助在校学习的王子义等贫困同学。刘志丹同志去苏联考察学习时，他慷慨捐款50元大洋资助，他组织广大进步学生掀起了两次学潮，反对榆林镇守使井岳秀的暴政。"五卅"惨案发生后，他们成立了"沪案后援会"，积极开展宣传、募捐活动，以实际行动支援上海工人运动。

1926年，刘文蔚在榆林中学毕业后，根据党的安排到上海大学继续深造，他一面学习文化、政治，一面组织领导革命活动。同年冬，受党重托，到沪西小沙渡协助区委搞工人运动，组织率领沪西广大工人群众参加了周恩来领导的上海工人阶级三次武装起义。

"四一二"反革命政变后，白色恐怖笼罩全国，广大共产党员和革命群众惨遭国民党反动派的血腥屠杀。在这危急时刻，党中央及时调整革命策略，开展秘密斗争，刘文蔚同志也由沪西调回陕北，从事党的地下工作。1927年7月，他经马鹏飞介绍，加入中国共产党，公开职务是神木县高家堡小学校长。利用这个公开身份，他组织地下党支部，开展革命活动，发展党、团员，壮大党的力量。李登瀛、张秀山、杨明德、刘文英等同志都在这个时候加入共产党，走上了革命道路。他的革命活动引起了敌人的注意，国民党以地界问题为借口，诬陷他有贪污罪，并借他参加神木县城教育会议之机，将其逮捕入狱。因没有确凿证据，经党组织和亲友设法营救，被拘留20多天后，他终于被无条件释放。

1928年，党组织考虑到刘文蔚同志在神木已经暴露身份，开展革命活动受到限制，就调他到山西太原，并通过原榆中校长郭茂蔚（时任山西省民政厅办公室主任）的关系，推荐他到太原工作，担任中共太原市委秘书长，秘密从事工人运动。同年，他组织太原兵工厂工人大罢工，并在榆次、晋华纺织厂和一些学校建立了党的地下组织。

1929年秋，顺直省委组织遭受破坏，无法开展革命活动，党组织又调刘文蔚到顺直省天津市下边区小柳庄搞工人运动。尽管环境极端恶劣，他仍置个人安危于不顾，组织工人识字班、读书会，成立红色工会，建立党的秘密组织，发动并领导了裕大纱厂工人年终双薪斗争，取得了胜利，鼓舞了广大群众的革命热情。

1930年4月，刘文蔚任中共天津市河北区委书记时因叛徒出卖被捕，在狱中领导难友进行长达11天和22天的两次绝食斗争。中华人民共和国成立后，彭真在西安见到刘文蔚时，对同行的陕西省委书记张德生说："这和尚在监狱里可顽强了……"

1936年9月，为保存革命骨干，中共中央北方局决定并经中共中央批准，刘文蔚与薄一波、安子文、刘澜涛、杨献珍等61名被关押的共产党员，陆续"履行手续"出狱。刘文蔚返回陕北，历任神府特委统战部长、绥德地委副书记兼统战部长等职，争取国民党骑兵六师胡景锋和八十六师柏廷栋起义，受到毛泽东的表扬。1947年，刘文蔚指挥所属两个团阻击敌人4小时，为中央机关安全转移至佳县朱官寨赢得时间。

解放高家堡前，刘文蔚致函国民党驻军团长李含芳进行统战工作，对解放高家堡时部队发生的违反党的工商业政策的行为，及时向习伸勋汇报，得到党中央的重视和毛泽东的批示。刘文蔚后调任关中地区工作，领导剿除国民党残余部队。

中华人民共和国成立后，刘文蔚历任陕西省第一届各界人民代表会议协商委员会常务委员兼秘书长，中共中央西北局统战部副部长，中共陕西省委常委、省委统战部部长，政协陕西省第一届委员会副主席、党组书记，陕西省总工会第一、二、三、四届委员会主席等职。中华全国总工会第八届执行委员会委员，第三届全国人民代表大会代表。

"文化大革命"开始后，刘文蔚被诬陷为"六十一人叛徒集团"成员，关押劳改9年，在狱中患严重心脏病。1976年12月12日，刘文蔚含冤逝世，临终遗言云："我不是叛徒。我没有出卖党、出卖同志。我的一生对得起党，对得起人民，问心无愧。总有一天，党会把我的问题澄清的……"

1979年4月，陕西省委根据中共中央〔1978〕75号文件精神，撤销了1974年对刘文蔚的错误处理决定，为其平反昭雪，举行追悼会。❶

---

❶ 陕西省神木市高家堡镇志编纂委员会编.高家堡镇志[M].北京：方志出版社，2018.

第三章　历史变迁

一、历史背景

中国是一个多民族的统一国家。在历史发展的进程中，各民族相互碰撞、相互交融、相互激励、互依互存，促进了中华民族的融合和统一。在中国历史疆域版图中，不论是石峁遗址还是高家堡镇，其所处的区域历来都是农耕文化与游牧文化的互动与交融地，伴随着中国疆域的形成、发展和拓定，农牧文化在这一区域互存互通互融，不断推动这一区域的发展。结合中国疆域形成的不同历史时期，我们大致能窥探到石峁遗址和高家堡镇浸润在历史长河中的身影。根据刘宏煊的《中国疆域史》，中国历史疆域形成是一个漫长、渐进和复杂的过程。中国传统疆域的拓定大致分为四个时期。

（一）中国疆域的准备时期（传说中的炎黄至西周）

中国史前文化的发展呈现了多元区域性的特征，遍布全国各省、市、自治区的新石器文化的古遗址已经有力地证明了这一点，而这种民族的与文化的"多元一体"格局，正是中国历史疆域形成和发展的坚实基础。

自人猿相揖别，为了抗击野兽袭击并获取猎物，原始人类开始组织以血缘关系为纽带的原始群团，但生产力水平的低下决定各氏族部落的定居是暂时的，迁徙是频繁的。社会生产力的不断提高，特别是农牧业生产的发展，为人们在优势地带聚集并长期定居提供了新条件，这也有利于防范他族袭击和有效组织生活，因此地域的村社组织开始出现。随着中国远古民族间以扩大疆域占领为目的的战争此消彼长，涌现出传说中的黄帝、炎帝、蚩尤及尧、舜、禹等一批杰出首领，推动了民族融合和国家的产生。从夏朝建立到商朝、周朝的进一步发展，中国疆域观念基本形成统一。

回看高家堡的史前历史，早在六千年多年前的仰韶文化时期，高家堡境内已有先民在秃尾河沿岸的桑树塔、桑树渠等地聚居，形成聚落。四千多年前，龙山文化中期，石峁古城出现，这是一处目前中国所见规模最大的公元前第三千纪后半叶的城址，结构清晰、形制完备，被誉为"石破天惊"的考古发现。到了夏朝初期，石峁逐渐衰落，城址日益损毁。

（二）中国疆域的初步形成（春秋战国至东汉末年）

春秋战国500多年的岁月里，长期的战乱促使中国疆土经历了不断分裂与统一，政治、经济、思想、文化都呈现出空前激烈的纷争局面，这也促使民族融合达到了从未有过的深度和广度。直到公元前221年，秦始皇统一六国，而后向北讨伐匈奴、收复河套地区，向南平定百越，设置闽中、南海、桂林和象郡，建立了中国历史上第一个多民族国家，奠定了中国传统疆域的基础。随后西汉王朝建立，到汉武帝时期，国力强盛，河西走廊的开拓极大拓展了汉朝疆域，开创了中国封建社会前期的最大版图。东汉疆域虽与西汉相当，但有部分地区因难以控制而放弃。

这一时期，高家堡境内汉民族政权与草原民族政权冲突不断，导致人烟荒芜，只有镇域北部残留的秦时长城，秃尾河东岸残留的喇嘛河、堡圪等秦汉古城，这些古迹遗存依稀可证这片土地上曾有的短暂繁盛。

（三）中国疆域的发展时期（三国两晋至唐末）

东汉末年到三国两晋时期，400余年的分裂和战争引发了空前未有的民族大迁徙，声势浩大的流民运动，连绵不断的人民大起义和不同形式的边疆大开发，又一次促成了中国历史上第二次民族融合高潮，为隋唐疆域的展拓开辟了道路。

隋王朝结束400余年战乱，重建统一的中央集权制国家政权，除旧布新，颇多建树，在建设和发展统一的多民族国家，巩固和发展中国历史疆域方面，作出了重要贡献。盛时疆域扩展到东有台湾、西到且末、南迄安南南部、北至五原和长城内外。随后近300年的唐王朝进一步强化中央集权，特别是李世民、武则天、李隆基统治时期，开创了中国历史上强大昌盛、疆域发展巩固的伟大时代。安史之乱后，唐王朝对边疆民族的控制力有所下降，实际控制的疆域较前期有所缩小。

高家堡在唐代时已声名远播塞外。据清道光二十一年《神木县志》载，贞观四年（630年）于镇东置幽陵都督府（今无遗址）统辖边疆胡人（按《文献通考》载：唐贞观三年，铁勒十一部皆来，言愿归命天子，请置唐官。有诏以唐官官之。明年以拔野古部为幽陵都督府，此特其一也。《佳州旧抄志》云：即在宅门墕堡内）。乾元元年（758年），又以和亲之策柔服少数民族，肃宗恩允幼女宁国公主下嫁回纥可汗磨延啜，封其为英武威远毗伽阙可汗，于镇东石峁为其敕建英宁府（在县西高家堡东五里，宅门墕堡内。上有石坊镌"英宁府"三字。按《文献通考》载，唐肃宗乾元元年，回纥遣使请婚，帝许以幼女宁国公主下嫁。册磨延啜为英武威远毗伽可。诏汉中郡王瑀为册命，送公主之其国。翌日尊公主为"可敦"。俄而"可汗"死，其子移地健立，明年引兵南唐，遣使北收单于府与"可敦"偕来，此其遗址）。

（四）中国疆域的正式形成（唐末至元明清）

继唐朝灭亡后，中国经历了五代十国的混战，陷入了辽、宋、夏等多个政权并立的局面，再次进入民族对峙、分裂动荡的时期。两宋时期，单从中原王朝疆域比较来看，已远不及前代，但这300年疆域的大分裂、民族的大迁徙，促使了中华民族凝聚力和向心力得到从未有过的强化，是中国疆域经元、明、清三朝正式形成的先决条件。

1279年，元朝实现了大一统，其疆域"向北越过阴山，向东到达辽左，西边至流沙，南边越过海表"，版图远超汉唐盛世，是中国历代疆域之最，而错误地采取民族压迫政策迫使元朝很快灭亡。明朝建立初期，为加强北方防御，采取了修长城、建军堡等一系列措施，除蒙古高原部分地区外，基本巩固了元时疆域版图。明朝后期，长城以北领土逐渐放弃，疆域有所收缩。相比明朝，清朝建立后，历经顺治、康熙、雍正、乾隆四朝的努力，扫除割据，平定叛乱，收复疆土，统一蒙古、新疆，台湾设府，完成了中国古代疆域的拓定，奠定了现代中国版图的基础。

在这一时期，随着明朝北方防御体系的不断完善，高家堡镇建立，而随着朝代更迭，高家堡在这片中原农耕文化与北方游牧文化的碰撞交融地带，从明朝的一个军事营堡到清朝的一座商贸重镇，始终活跃在历史舞台上，为后世留下了丰富多彩的文化遗产。

二、高家堡历史沿革

（一）明代之前的历史沿革

据清道光二十一年（1841年）《神木县志》，高家堡古为白狄故地，秦属上郡，汉置圁阳县、鸿门县，北周置开光县，唐属丰州，宋称杜胡川、飞鸦川，金称弥勒川，元设巡检司、置弥川县。明郑汝璧等修撰的《延绥镇志》载："唐丰州地，宋飞鸦川，元弥川巡检司地。"❶

（二）明及明代之后的历史沿革

1. 古镇的创建

明朝初年，为了抵御蒙古部落入侵，加强北方防御，开始大规模地修筑长城、建设军堡。至明代中期，延绥镇开始筑堡固边，英宗正统四年（1439年），陕西巡抚陈镒择秃尾河与永利河交汇处的开阔河谷地修筑高家堡，开始有了正式名称和建置，为延绥镇（榆林镇）三十七个军事营堡之一，三晋江南军民移来此处屯垦戍边。高家堡先属延绥镇中路管辖，隆庆中期改由东路管辖。据清谭吉璁《康熙延绥镇志》载："高家堡，南至葭州一百六十里，北至大边三里，东至柏林堡四十里，西至建安堡四十里。……明正统四年巡抚陈镒建，后余子俊展修，城设在平川，系极卫上地。"❷这一时期烽烟常燃，边声四起。

---

❶ [明]郑汝璧等纂修，陕西省榆林市地方志办公室整理.延绥镇志·卷之一[M].上海：上海古籍出版社，2011：29.

❷ [清]谭吉璁纂修，陕西省榆林市地方志办公室整理.康熙延绥镇志·卷一之三[M].上海：上海古籍出版社，2012：15-16.

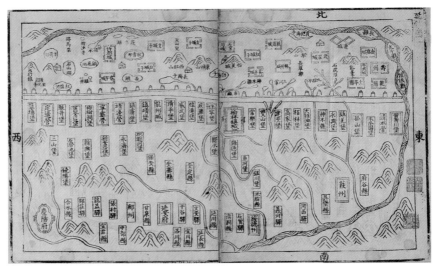

图 3-1　延绥镇城堡图（明刊本《陕西四镇图说》）

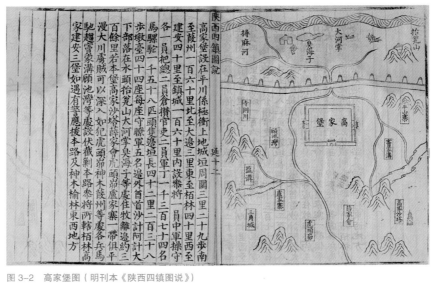

图 3-2　高家堡图（明刊本《陕西四镇图说》）

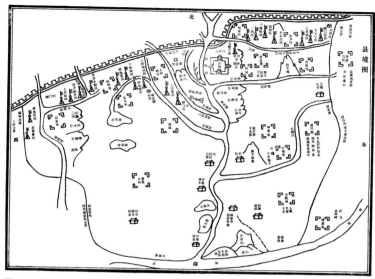

图3-3　清道光二十一年《神木县志》县境图

2. 古镇的完善与繁荣

清朝建立后，蒙古成为内境，高家堡军事功能逐渐衰退。清康熙三十六年（1697年），清廷允许汉民耕种边墙外的伙盘地，设高家堡驿传正站，高家堡被辟为蒙汉互市之地，驼队马帮，穿梭往来，商铺客栈，买卖兴旺，边贸炽盛，声名遐迩。雍正十年（1732年）设高家堡都司。乾隆二十七年（1762年），高家堡由葭州划归神木县管辖，大致管理范围与明代相同。据清道光《榆林府志》载："高家堡旧属葭州。本朝乾隆二十七年改属神木。"❶清乾隆三十三年（1768年），知县方万年重修而"缄垣残损，面貌焕然"，此后一直为军事重镇和商品集散地。同治七年（1868年）曾遭破坏。清光绪三十四年（1908年），高家堡殷实巨贾大办钱庄店铺，发行银票（帖子），通市蒙晋，盛极一时。本堡遂崛起杭（荣）、韩（士恭）、彭（鹤年）、松（友元）"四大

---

❶　[清]李熙龄纂修，陕西省榆林市地方志办公室整理.榆林府志·卷六[M].上海：上海古籍出版社，2014：104.

高家堡所在镇域建置沿革表　　　　表 3-1

	时代	建置	隶属州郡	备注
1	夏商周		雍州	境内为少数民族游牧区
2	春秋战国			
3	秦		九原郡或上郡	
4	汉	固阴、固阳、鸿门	西河郡	
		白土	上郡	
5	魏晋			又为少数民族所占有
6	南北朝	石城—银城、连谷		
7	隋	永丰镇	丰州	
8	唐	永丰镇	丰州	
9	宋	飞鸦州	丰州	
10	元	弥川巡查司	葭州	
11	明	绥德卫榆林庄千万户所	葭州	
12	清	神木县	榆林府	

家族"。自此，高家堡古镇人口激增，商贸日益繁荣，古城格局及风貌就此形成，并延续至今。

3. 近现代以来的发展与变化

民国年间，因实行区划制度不同，辖区及名称先后变更数次。此时期虽经历战乱，但以"三盛长"碱坊为代表的高家堡工商业依然繁盛，商贾云集。

解放战争时期，高家堡、乔岔滩和神木县城于 1947 年秋季相继获得解放。1948 年 5 月，镇域内人民政权成立，高家堡被设为神木县一区，下辖六个乡。1949 年 7 月，神府县人民政府迁驻高家堡区。同年 8 月，高家堡区由神木县划归神府县，列为神府县一区。

1949 年 10 月，中华人民共和国成立后，神府县于 1950 年 4 月并入神木县，高家堡自此一直归神木县管辖。2011 年，由于实行撤乡并镇，乔岔滩乡被撤销，并入高家堡镇，形成如今的格局。2017 年 4 月，神木撤县设市，高家堡镇属神木市。

三、高家堡城址变迁

　　高家堡地处农业文明与游牧文明碰撞交融的前沿，自古以来都为兵家必争之地。新石器时期的石峁遗址完整的城防体系，无声地表明这里曾发生激烈而残酷的远古战争。从夏代至元代的三千多年间，这块土地上民族杂居，战乱频发，铁马秋风的悲歌逐渐被风吹雨打去，但明清故垒，依然屹立。

（一）早期——人类聚居

　　据镇志记载："高家堡古镇初建于明正统四年（1439年），世传古城址原筑石峁山，乃巡抚陈镒徙民下川，于秃尾河东岸、永利河南岸的高家庄屏山傍水夯土筑城，以庄名堡，戍军实边。"此段文献记载表明，高家堡镇建立之前，是一个叫"高家庄"的普通村落。古人所谓"族者，凑也，聚也。谓恩爱相流凑也。上凑高族，下至玄孙。一家有吉，百家聚之，合而为亲。生相亲爱，死相哀痛。有会聚之道，故谓之族。"❶ 如同我国大部分传统村落一样，"高家庄"是一个以"高氏"血缘村落聚居的形态。

　　根据目前我们所见，高家堡镇内部路网格局基本呈现"经纬涂制"的形态，道路分布较为均衡，各分区较为规整。但是西南区有一条"德成巷"，其空间形态弯曲不规则，异于严整方正的规划路网，周边的建筑也较为分散松散，没有明显的组织规划。再加上原始聚落一般都临近水源和田地，所以西南部很有可能是"高家庄"的原始聚居地。此时的聚落空间及居住空间大体呈现出自然、分散、无序的形态。

（二）创建——粗具雏形

　　1368年，明朝建立后，蒙古统治者被迫退居漠北，自此拉开了两百多年来明汉政权与蒙古部落政权的对峙。据《明史》载："元人北

---

❶ 班固.白虎通·宗族.

图 3-4 早期：人类聚居（左）
图 3-5 创建：粗具雏形（中）
图 3-6 发展：兵防要塞（右）

归，屡谋兴复。永乐迁都北平，三面近塞。正统以后，敌患日多。故
终明之世，边防甚重。东起鸭绿，西抵嘉峪，绵亘万里，分地防御。
初设辽东、宣府、大同、延绥四镇，继设宁夏、甘肃、蓟州三镇，而
太原总兵治偏头，三边制府驻固原，亦称二镇，是为九边。"❶明正统初
年后，明朝逐渐衰弱而蒙古日益增强，蒙古开始进军河套地区。高家
堡位于河套以南，延绥镇境内，战略地位突出，于是明正统四年便创
建军堡。其临近榆林镇城，位于柏林堡和建安堡之间，可以弥补区域
防守上的空缺，加强兵力调度，进一步防止蒙军入侵，具有至关重要
的军事战略地位。

　　明朝不断加强北方边疆军事防御体系的巩固建设，从洪武到万历
的 200 余年里，完成了东起山海关、西抵嘉峪关的北方边疆军事防御
体系，当时号称"大边"。后来又在河北宣化至山西大同修筑了纵深
形式的军事防御体系，号称"二边"。"大边"与"二边"的总长度达

❶ [清]张廷玉等.明史·卷九十一·兵制三 [M].北京：中华书局，1974：2235.

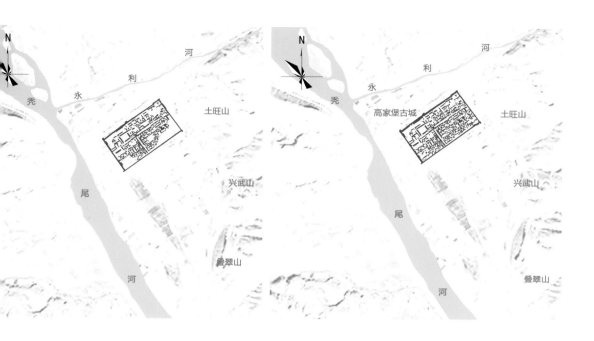

6700km，这个巨大的军事防御体系被称为长城。同时，明代在长城沿线分九镇设置总兵官统兵防御，分别是辽东、宣府、蓟州、大同、延绥、太原、宁夏、甘肃、固原，合称"九镇九边"，为全国的军事重镇。

明代的军屯分为五个等级，以镇城为首，之下次第为路城、卫城、所城、堡城，形成北方坚固的军事防御体系。堡城是最基本的屯兵单元，高家堡是延绥镇37个营堡中规模最大的营堡之一，这里曾是东路长城与中路长城的交汇地点，"大边"与"二边"长城夹道地区，由此可见其作为兵防要塞的重要地位。

高家堡古镇的选址及布局也充分考虑了山水格局、军事防御、传统礼仪等多种因素。其位于"大边"长城以南3000m的秃尾河与永利河交汇的东南阶地内，具备天然防御系统，周围环山，唯秃尾河和永利河沿线是敌人可能进犯的通道，可利用周围山脉作为依托，构成天然的瞭望所。守卫营堡和制高点就控制了交通咽喉。

（三）发展——兵防要塞

明正统十四年（1449 年）至清康熙三十六年（1697 年）为高家堡古镇的发展期，此段时间内高家堡军事形制、功能逐渐完善。

高家堡建成之初，只是一座夯土建成的军堡。明宪宗成化九年（1473 年），在延绥巡抚余子俊修筑"大边""二边"长城之际，高家堡得以修缮。明神宗万历三十五年（1607 年），延绥巡抚涂宗濬认为包括高家堡在内的延绥东路各城堡"土地低薄，不堪保障"，向朝廷上书后，用砖包翻城墙。据清谭吉璁《康熙延绥镇志》载："明正统四年巡抚陈镒建，后余子俊展修，城设在平川，系极卫上地。周围凡三里零二十九步，楼铺一十五座。万历三十五年巡抚涂宗濬用砖包砌，边垣长四十二里零二百三十八步，墩台四十四座。"❶

高家堡作为明代防御元朝余部侵袭的要塞，历来就多战事。据《明史》载："嘉靖三十四年（1555 年）……三月，套人犯高家堡，副总兵李梅死之。""天顺初，移镇延绥，进都督同知。明年破寇青阳沟，大获。封彰武伯，佩副将军印，充总兵官，镇守如故。延绥设总兵官佩印，自信始也。顷之，破寇高家堡。三年与石彪大破寇于野马涧。""（神宗四十四年）秋七月乙未，河套部长吉能犯高家堡，参将王国兴败没。"❷

在这一时期，古镇内士兵逐渐增多，大量民居、商业空间也随之兴起，同时由于战事的频繁，对和平的向往促进了宗教建筑的兴建。据明成化七年《新修龙泉寺记》载："其城乾山上之上龙泉寺者，守备斯堡（此处碑文不清）郑公泰、许工珍等相继谋而创建之也，相继协谋以抚士卒，则锐气不衰。"

直到清朝入关，蒙汉一统，高家堡的军事要塞地位逐渐降低。清代顺治十二年（1655 年）高家堡守将由游击（从三品武职外员）降

❶ [清]谭吉璁纂修，陕西省榆林市地方志办公室整理.康熙延绥镇志·卷一之三 [M].上海：上海古籍出版社，2012：16.

❷ [清]张廷玉等.明史.北京：中华书局，1974.

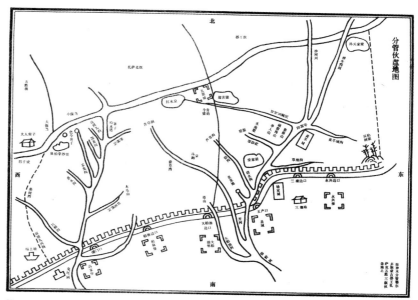

图 3-7 　清道光二十一年《神木县志》分管火盘地图

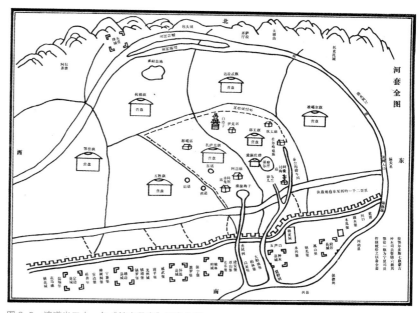

图 3-8 　清道光二十一年《神木县志》河套全图

格为守备（正五品武职外员），雍正十年（1732年）高家堡守将改设为都司（正四品武职外员）。据清康熙《延绥镇志》载："马兵一十五名，守兵一百三十名，马一十五匹。明制，军丁并守瞭军共一千五百八十四民，马骡驼一千五十八匹。"❶清道光二十一年《神木县志》载："今额马兵五名，守兵一百二十名，共兵一百一十七名。"❷可见，从明至清，高家堡的驻军逐渐减少，军事功能逐渐消弱。

（四）繁荣——商贸重镇

清康熙三十六年（1697年）至民国二十八年（1939年），在边疆贸易兴盛的背景下，高家堡军事防御功能日益减弱，逐渐发展为商贸交易的场所，大量民居住宅扩建，祭祀庙宇建筑重修，商业街繁荣。

明代，高家堡无论筑城规模还是驻军数量，均属延绥镇三十七营堡之中较大的。军事消费促进了商品流通，形成商业化发展趋势。同时，高家堡在经济职能上处于区域中心集镇的地位，形成了中心市场，吸引附近农村的粮食等农畜产品流通集散，高家堡内集市和庙会逐步出现。❸到明隆庆四年（1570年），"俺答封贡"后，高家堡被辟为蒙汉互市之地，这一时期不仅有官方的定期边贸，民间的"私市"也相应产生，商贸活动日益繁荣。

清初，蒙古成为内境，长城沿线各军堡的军事职能逐渐减弱，商贸交易日益昌盛。康熙三十六年（1697年），清政府允许边墙直北禁留地五十里内为蒙汉共耕"伙盘地"，蒙汉贸易空前发展。高家堡也被辟为蒙汉互市地，镇北金刚沟的暗门也开设边市。高家堡凭借其北通

---

❶ [清]谭吉璁纂修，陕西省榆林市地方志办公室整理.康熙延绥镇志·卷二之三 [M].上海：上海古籍出版社，2012：60-61.

❷ [清]王致云、朱壎、张琯纂修，陕西神木县县志党史红军史编纂委员会.神木县志·卷之三 [M].陕西省图书馆，1982：23.

❸ 神木县高家堡镇志编纂委员会编.高家堡镇志 [M].西安：陕西人民出版社，2016：163.

河套、南接河东的优势区位，商业贸易得到极大发展。

清中期，蒙汉贸易全面放开，商品交易直接在高家堡城内进行。乾隆元年（1736年），清政府在榆林等地"准食蒙盐，并无额课（额课：定数税收）"，从而疏通了内蒙古鄂尔多斯盐碱流向内地的商业通道，高家堡成为盐业中心，号称"十六家盐行半座城"。清道光《神木县志》载："乾隆五十四年，神木招认收买蒙盐铺户，本城二十八户，高家堡十一户"，"嘉庆十一年，神木招募盐户，本城二十一户，高家堡十一户"。盐碱、批货等商品，由蒙古运往高家堡，再由高家堡商人沿秃尾河东岸商道，经万户峪（今神木市万镇）等黄河渡口，运达山西省临县碛口镇，再转往晋冀等地。边商在高家堡购买茶、烟、布匹、日用百货后，"赴蒙古各旗贩卖，其数量甚巨"。据道光《神木县志》记载，县民"生计无多，半由口外懋迁（经商），以求什一之利"。"一切花布绸缎及日用之物，俱仰给他省。城内晋商居多，凡土著贾人，每赴蒙古各旗贩买驼马牛羊，往他处转卖。"

到清末，高家堡的商业走向鼎盛。据《延绥揽胜》记载："利息畅旺，每年盐碱、皮货生意各达金额三十多万元（银圆）。"高家堡殷实巨贾宋宪宇大办钱庄店铺，发行银票（帖子），通市蒙晋，盛极一时；韩士恭创办的瑶镇碱厂，首开陕西化工企业之先河。清朝末年，以杭、韩、彭、宋为代表的老"四大家族"形成，财势纵横，称雄塞上。民国间，"新四大家"刘大荣、寇瑞生、亢万礼、张子英崛起，农商兼营重实业，如日中天。1940年，刘大荣、寇瑞生、亢万里在马莲河创办"三盛长"碱厂，生意兴隆，盛极一时。民国末年，高家堡三盛店年摊支公粮约占高家堡总额一半以上，足见其生意之盛。中华人民共和国成立以后，该厂成为陕西第一家公私合营企业，更名为陕北榆神碱厂。

这一时期的高家堡，古镇格局形态成熟。清道光《神木县志》载："国朝乾隆十五年，知州祖德宏请修。二十七年，拨归神木。三十三年，知县方万年重修。堡内南北街一道，东西街一道；中有中兴楼

图 3-9　繁荣：商贸重镇（左）
图 3-10　衰落：无序发展（中）
图 3-11　复苏：保护传承（右）

一座，北城上三官楼一座，东北城隍庙一座，南门外十字街里许。" ❶
乾隆十五年（1750 年），葭州知州祖德宏重修高家堡。乾隆二十三年
（1758 年），神木知县方万年再修高家堡，这些修葺活动，延续了原有
城市格局，并使城堡功能更加完善，古镇的形态格局基本形成。一方
面，堡内街巷井然有序、商铺、民居以及中兴楼等公共建筑各立其位，
人民安居乐业，商贸活动繁荣；另一方面，古城周围山上修建了大量
的宗教建筑，规模庞大，形成了天人合一、神祇护卫、精神安宁、秩
序井然、山环水绕的万千气象。

（五）衰落——无序发展

民国二十八年（1939 年）至 20 世纪末，高家堡镇逐步走向衰落，

❶　[清]王致云、朱壔、张琛纂修，陕西神木县县志党史红军史编纂委员会.神
木县志·卷之六 [M].陕西省图书馆，1982：6.

湮没在陕北黄土高原中。

　　高家堡的衰落与人们对大自然的破坏和时代的发展密切相关。长期以来，由于修筑长城及军事堡城和相关设施，沿边一带森林遭到大量砍伐。同时，明朝军队常采取烧荒、捣巢的方式防范蒙古军队。《明经世文编》卷四四二马文升《请选差主事赴榆林拣挑军官》载："迄于冬初草枯，虏骑未入之时挑选精兵结布营阵，临边三百里，务将鞑贼出入去处野草焚烧尽绝，则寇虽近边，马不得南牧矣"，致使"边外野草尽烧，冬春人畜难过"[1]。另外，明清两朝一直采取屯田制度以解决军饷问题。据史料记载到明万历年间，屯田高达四万八千余顷[2]。到了清朝，农业开发已越过长城，不断向北扩展，占据了广阔的牧场。大规模的屯田加速了草原植被的破坏，加剧了长城沿线的土壤沙化。

<hr />

❶　《顺义王俺答谢表》

❷　涂宗浚. 奏报阅视条陈十事疏 [M]// 明经世文编. 卷448.

可见，因常年战争和国策的影响，长城沿线的城堡赖以生存的生态环境遭到了毁灭性的破坏，人居环境持续恶化，城镇发展走向衰落。

民国时仍有重兵驻防。民国二十四年（1935 年），国民党八十六师师长井岳秀来高家堡巡视，并出资银两五百修葺城墙东南缄角魁星楼。民国二十八年（1939 年）春，高家堡驻守军民为防止日军空袭，遂环城墙开掘坑道，古镇城垣首遭破坏。

中华人民共和国成立后，随着国家宏观政策的不断调整，城乡经济社会发生了较大变革。高家堡镇建设开始突破原有的城垣界限。1956 年扩建校舍，为解决补充材料，拆毁了高家堡古镇内多处古牌坊，破坏之风始燃。1959 年，在全国大炼钢铁运动中，高家堡内素有"古堡双宝"之誉的南门寺铁旗杆、铁狮子等珍贵文物均被熔烧以支援钢铁运动。1966 年 8 月，"文化大革命"烽火炽烈，高家堡古镇举凡寺庙殿观、石刻雕塑、古玩器皿、书籍字画，悉遭扫荡。同年，汽车站以南门寺为基础建窑，拆毁缄垣百余米。20 世纪 60 年代向古城东南扩展，旅社、食堂、汽车站、邮电支局、中学、粮站、商店、工商管理所和居民新住宅群沿榆（林）府（谷）公路两侧以自发、零散、无组织的方式向外蔓延，严重破坏了古镇原有的风貌格局。1979 年，高家堡地毯加工厂在西门外建成投产。工程拆毁西北段城墙数百米。

改革开放后，由于整个社会大背景缺乏保护意识和保护政策，对于历史建筑的价值和作用认识不到位，因此没有制定高家堡古镇历史建筑的保护政策，许多历史建筑缺乏积极有效的保护措施。尤其是当地居民的经济基础薄弱，也无力实施对于传统四合院民居的保护。而后随着城镇化步伐的加快推进，神府煤田开发以及区域交通环境持续改善，高家堡人口流失加剧，区域地位持续下降，渐渐湮没在广袤的陕北黄土高原之中，所幸的是古镇的巷道和原有的空间格局基本保留了下来。

（六）复苏——保护传承

进入新世纪，随着社会经济的快速发展和人们文化意识的增强，全面提升文物保护利用和文化遗产保护传承水平成为刻不容缓的任务。2008年，高家堡镇被陕西省人民政府公布为第五批省级重点文物保护单位。2014年，高家堡镇入选第六批中国历史文化名镇。古镇保护与发展迎来新机遇。2015年，根据作家路遥的同名小说《平凡的世界》改编的电视剧热播，作为主要取景地的高家堡镇一夜之间名声大噪，前来参观的游客络绎不绝，年旅游人次和收入不断攀升，高家堡迈入文化遗产保护与发展新阶段。

第四章　石峁遗址

一、发现石峁

　　1929 年，时任科隆远东美术馆代表的美籍德国人萨尔蒙尼（A.Salmony）曾在北京目睹来自榆林的农民求售牙璋等玉器 42 件，其中最大的一件长 53.4cm 的墨玉质"刀形端刃器"，经萨尔蒙尼之手为德国科隆远东美术馆收藏。近年来的文物普查及调查发掘资料显示，榆林境内仅石峁遗址发现牙璋类玉器，有学者据此认定早年（20 世纪二三十年代）流散欧美的一批墨玉牙璋源自榆林神木。

　　1958 年 3~11 月，陕西省开展文物普查工作（即第一次全国文物普查），"石峁山遗址"（即今石峁遗址）首次得到关注。调查队认为在石峁、雷家墕大队一带有一处新石器时代龙山文化遗址，包括三套城，以位于石峁大队皇城台高地的"头套城"最为清晰，并将该遗址命名为"石峁山遗址"。此时正值"大跃进"，关于石峁遗址调查的相关信息遗失殆尽，遗址保护等建议亦未引起重视。

　　1963 年，陕西省考古研究所联合西北大学共同在陕北榆林、神木、府谷等地的长城沿线调查时踏查并再次记录了"石峁山遗址"，判定为龙山文化遗存，面积约 10 万 m²。

1975 年冬，陕西省考古研究所戴应新在神木县高家堡公社前后四次共征集到玉器 127 件，并将征集的玉器进行分类研究，刊出后引起很大反响。其后，戴氏将这批玉器的年代进行了重新修订，认为玉器与陶器都为龙山时代遗存。

1981 年，中国社会科学研究院考古研究所张长寿来到石峁遗址进行调查，亲见当地村民收藏的牙璋、刀、璧、璜、斧、钺等玉器并征集了其中 3 件。同年，西安半坡博物馆对石峁遗址进行了试掘，发现房址、灰坑、石棺葬、瓮棺葬等遗迹，出土器物以陶器为主，采集器物包括玉、石、骨、陶器等类。此次发掘对明确石峁遗址的文化内涵与性质起到了重要作用，然而遗址规模、性质及玉器埋藏环境等问题仍然没有得到解决。

1983 年，石峁遗址被神木县人民政府公布为县级重点文物保护单位。

1986 年，陕西省考古研究所吕智荣在神府煤田开展考古工作时对石峁遗址进行了调查，采集到陶器残片、磨制石器、打制石器和细石器共 40 余件，并征集到个别玉器。

1992 年，石峁遗址被陕西省人民政府公布为省级重点文物保护单位。此后，陕西省考古研究院、榆林市文物保护研究所、神木县文体

图 4-1　石峁鸟瞰图（摄影：大雄）

局等多家单位先后不下数十次对石峁遗址进行调查，征集了一些具有龙山时代特征的陶器、玉器及大量细石器等遗物。2006 年，石峁遗址被国务院公布为第六批全国重点文物保护单位。

2011 年，在陕西省文物局的积极推动下，石峁考古调查工作全面启动。2012 年，石峁考古发掘获得国家文物局批准。2013 年，石峁遗址入选国家重点保障的 150 处大遗址目录。发掘工作启动以来，石峁考古调查与发掘取得了"石破天惊"式的重要收获。与此同时，石峁遗址的综合研究、文物保护、展示利用及遗址公园建设等工作也取得了重要进展。2023 年石峁遗址被正式授牌为国家考古遗址公园，同时石峁博物馆开馆。

二、基本格局

根据目前的考古发现，石峁城址总体格局由皇城台、内城、外城三部分构成。以皇城台为核心，内城环绕皇城台，外城环绕内城，依

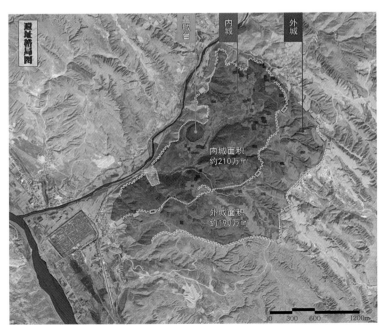

图 4-2　石峁遗址格局图
（出自《陕西神木石峁考古遗址公园概念规划》）

图 4-3　皇城台远景
（摄影：大雄）

山势而建，形状大致呈东北—西南方向。其中，皇城台是四周以石砌筑层阶状护坡的台城；内城以皇城台为中心，沿山势砌筑石墙，形成一个封闭的空间；外城则依托内城东南部的墙体修筑一道不规则弧形石墙，与内城东南墙结合构成相对独立的外城区域。城内密集分布着宫殿建筑、房址、墓葬、手工业作坊等龙山文化晚期至二里头早期遗址，城外还有数座"哨所"预警遗址。总面积 400 余万 m²，是公元前2000 年前后中国所见规模最大的城址。❶

（一）皇城台

皇城台位于内城偏西的中心部位，是一处相对独立的山峁，顶部平坦开阔，南、北、西三面临沟，南北两侧坡陡沟深，西侧坡地平缓，

❶　陕西省考古研究院，孙周勇，邵晶，邸楠.石峁遗址的考古发现与研究综述 [J].中原文物，2020（1）.

图 4-4　皇城台（摄影：大雄）

仅东部偏南经山体马鞍部与外相接（东连石窑圪台地点），门址即设
于此。

　　皇城台是大型宫殿及高等级建筑基址的核心分布区，台顶面积 8
万余 m^2，有成组分布的宫殿建筑基址，北侧有"池苑"遗迹。历年来
发现的遗迹遗物最为丰富集中，有众多石雕人头像、玉器、陶器、骨
器、彩绘壁画、纺织品残片等遗物不断出土。皇城台没有明显石墙，
均系堑山砌筑的护坡墙体，护墙自下而上斜收趋势明显，底大顶小呈
金字塔状，错落有致，坚固雄厚，巍峨壮丽。皇城台作为石峁城址的
核心区域，或已具备了早期"宫城"性质，是目前东亚地区保存最好、
规模最大的早期宫城。

（二）内城

　　内城将皇城台包围其中，形状大致呈东北—西南向的椭圆形，依
山势而建，面积约 210 万 m^2。内城城墙大部分处于山脊之上，为高
出地面的石头砌筑的城墙，也有部分采用与皇城台相似的堑山结构。

城墙现存长度 5700m 余，宽约 2.5m，现存最完整的部分高出现在地表 1m 以上。由于内城墙体及马面等遗址受到耕作及取土的干扰较少，结构稳定性相对较好，整体保存程度较好。内城现存门址 3 处、马面 2 处、角台 1 处。

城内密集分布着居址、墓地、窑址等遗迹。其中石峁城中发现的十余处集中居住区多数分布于内城中，可以推测生活区功能主要由内城担负。居住区内的房址集中分布，不同类型的房址面积及内部设施均有差异，显示出房址之间的等级关系。另一方面，越靠近皇城台的房址在居住面积、建设难度上越高于相对较远的房址，表明房址所在区域与皇城台之间的距离可能代表着居民经济与社会地位的高低。墓葬区多邻近居住区，表现出一种"居葬合一"的聚落空间形态。在城内一些地点（梁峁）之上还发现了走向可闭合、形似小城的石砌城垣，为之前推测城内存在多个以血亲为纽带的小型聚落进一步提供了实证。❶

后阳湾地点

后阳湾地点位于皇城台东北方向的山坳台地之上、西端南部为一处自然冲沟。该地点发现的房址较为集中，尤以地面敷设白灰者居多。

呼家洼地点

呼家洼地点位于皇城台正南端的山峁台塬北坡，其东端北侧为一处天然冲沟。该地点发现四座窑洞式房址，墙面上涂有一层草拌泥。房址地面堆积层内出土一些陶器。

韩家圪旦地点

韩家圪旦，位于内城东墙中段西侧的一处东西向"舌形"山峁，东部连通内城东墙上的一处城门遗址，西侧与皇城台隔沟相望，南北两侧均临沟壑。目前考古队在韩家圪旦遗址发掘清理出的主要遗址遗物包括房址 42 组（座）、墓葬 41 座、灰坑 27 处，出土陶、石、骨、玉等文物

---

❶ 陕西省考古研究院, 孙周勇, 邵晶, 邸楠. 石峁遗址的考古发现与研究综述 [J]. 中原文物, 2020（1）.

标本千余件❶。房址有窑洞式和地面式两种，常见两或三间组合的连套结构，地面和墙壁涂抹白灰面，房址内多有骨器、玉器等器物出土。墓葬区应为石峁城内重要贵族墓地。墓葬形制有竖穴土坑墓和石棺葬两类。土坑墓多为东西向，墓葬规模差异明显。大中型墓葬结构相似，墓主位于墓室中央，仰身直肢，棺外又有殉人，一至两人不等，墓室设壁龛，用于放置陶器等殉葬品。石棺葬以石板搭建较小葬具，一般长约2m、宽约0.6m，仅以容身，未见殉葬品，墓主多为青少年或孩童。

（三）外城

外城围在内城的东南外侧，系利用内城东南部墙体，向东南方向再扩筑的一道弧形石墙形成封闭空间，城内面积约 190 万 m²，分布着一些居住建筑与墓地。外城现存门址 3 处、马面 4 处、角台 1 处。外城城墙现存长约 4200m，宽度、高度与内城城墙一致。城墙主要沿山脊而建，也有越沟现象，墙体用石块平砌，石块间敷以草拌泥，石块"下大上小"放置，结构合理。

图 4-5　石峁遗址外城东门址
（摄影：大雄）

❶ 陕西省神木市高家堡镇志编纂委员会 . 高家堡镇志 [M]. 北京：方志出版社，2018.

（四）哨所

樊庄子哨所位于石峁城外的东南方向，与外城南墙上的一处城门隔沟相望，与外城城墙直线距离约 300m，四周视野开阔。石砌建筑可分为内、外两重"石围"。内围位于山峁顶部正中，平面大致呈东西向长方形，长约 14m，宽约 11m。墙体用砂岩石块或石片平砌而成，部分石块表面加工平整，石块间用草拌泥粘接。除西墙外，其余三面墙体保存比较完整。外围系用石块垒砌的"眉形"石墙，多已塌毁，仅余墙基。从平面看，似有将方形内围环绕之势。地层关系显示，内、外围石墙均修建在用于找平的垫土之上。

内围里外均未发现踩踏层面或用火迹象，但在石墙内侧有均匀分布的"凹槽"，应是在墙体内侧立柱所用的"壁柱槽"。从发现来看，除调查采集的一件玉铲之外，基本不见与"祭祀"相关的其他遗物或现象，但"内方外圆"的两重石围结构颇值深思。根据方形石围内侧均匀分布的壁柱槽分析，或应为一座用柱子架撑的"哨所"，其功能或与登高望远、观敌瞭哨有关。樊庄子哨所与其他四座同类遗迹共同构成城外的"预警系统"。

三、防御体系

龙山时期，为了保护聚落人民和财产不被侵袭，人们开始有意识地修建环壕或城墙以加强防御。石峁城址的防御设施十分齐全，防御体系已较为完善，是研究早期城市防御体系的一个典型实例。

（一）防御设施

1. 城垣（城墙）

石峁遗址目前共发现皇城台、内城、外城三重城垣，三重城垣存在修建年代上的先后关系，皇城台最早，内城次之，外城最晚。石峁遗址石砌城垣长度约 10km 左右、宽度不小于 2.5m，若以残存最高处

5m 计算，估算总用石料量 12.5 万 m³，规模宏大，构筑精良，为国内同时期遗址所罕见。石峁遗址的石砌墙垣不仅是出于守卫的需要，还具有神权或王权的象征意义，它的出现暗示着在公共权力督导下修建公共设施等活动已经成了新石器时代晚期石峁所在的中国北方地区早期都邑性聚落的重要特征。

皇城台护坡石墙

从台地底部向台顶四面有堑山砌筑的层阶状护坡石墙，自下而上逐阶内收的石墙建筑规律为：下部单墙矮、层阶多、无纴木；上部单墙高、层阶少、有纴木。城墙大部分已经坍塌，保存较好的部分城墙由大小不等的砂岩石块交错平砌而成，石块修整痕迹明显，石块间敷以草拌泥，墙面平齐规整。20 世纪 70 年代以前，皇城台东北侧还可见 7 级石墙，2011 年调查发现部分墙体多有 3~5 级结构。目前保存最好的石墙位于东北角，总长度约 200m，有圆形转角，高 3~7m，石墙表面可见排列有序的孔洞，内有朽木残迹。另外，西南角和南侧亦发现一些残存的石砌墙体，在南侧墙体内，还发现保存较好的圆木。局部墙体上镶嵌有石雕菱形眼纹等装饰。

内城城墙

构筑方式包括堑山砌石、基槽垒砌及利用天险等方式。在山崖绝壁处，多不修建石墙而利用自然天险；在山峁断崖处则采用堑山形式，下挖形成断面后再垒砌石块；在比较平缓的山坡及台地，多下挖与墙体等宽的浅基槽后再垒砌石块，形成高出地表的石墙。

外城城墙

外城城墙与墩台两端接缝相连，沿墩台所在山脊朝东北和西南方向延伸而去。墙体用石块平砌而成，石块间敷以草拌泥，石块以"上小下大"方式放置，结构合理。

图 4-6　城墙墙体局部（摄影：刘建刚）　　　　图 4-7　外城东门址鸟瞰图（摄影：大雄）

2. 城门

　　城门平时是出入城的必经之路，战时则是敌人的重点攻击对象。它是城市防御的薄弱点，是防御的重中之重。石峁遗址皇城台、内城、外城均发现有城门，具体数量目前尚不清楚。

皇城台门址

　　皇城台门址是目前皇城台确认的唯一一处城门遗址，位于皇城台东侧坡下偏南，扼守在皇城台与石窑圪台地点相连的马鞍部西端。地势西高东低，南北两端突起，中间下凹，呈东向敞开的簸箕状。自东向西依次由广场、外瓮城、南北墩台和内瓮城四部分组成。皇城台城门前设置瓮城及广场的做法开创了中国都城正门结构的先河。

　　广场位于门址的最外端，向东外敞，由南、北基本平行的两道石墙及西部瓮城一线围成，平面呈长方形，南北长约 63m，东西宽约 34m，面积超过 2100m²，为国内可确认的史前时期最大广场。

　　城门两侧对称分布着南北墩台，平面长方形，结构相同，均系夯土内芯外包石墙的"石包土"结构，分别与广场南墙和广场北墙相接，北墩台体量大于南墩台。外瓮城位于广场内侧，为平面呈折角"U"形，在其外侧墙根处墙面发现两件玉钺，当系铺设广场地面时有意埋入。内瓮城平面呈"L"形，下连南墩台、上接主门道。主门道为横"U"形的"回廊"，由两侧石墙上发现的对称分布的壁柱槽推测，主门道应系一覆顶的封闭空间，也是登上台顶的最后一道"关卡"。

外城东门址

东门位于外城东北部，门道为东北向，由"外瓮城"、两座包石夯土墩台、曲尺形"内瓮城"和"门塾"等组成，门址内各部分以宽约9m的"匚"形门道连接，总面积约2500余 m²。从地势上来看，外城东门址位于遗址区域内最高处，视域开阔，位置险要。在外城东门址发现了大量玉器如玉铲、玉钺、玉璜、牙璋，及石雕、壁画、祭祀坑头骨等遗物。

外瓮城平面呈 U 形，将门道完全遮蔽，但与门道入口处的两座墩台之间并未完全连接，南北两端留有通道。南北向石墙长约22.4m、宽1.7~1.8m，南、北端石墙较短，与南北向石墙垂直，北墙长约10m，南墙损毁，残长约7.2m❶，两端石墙均宽3m左右。外瓮城在早期石墙倒塌之后进行过重建，晚期在其东南角处新建了一座石砌方形房址。

夯土墩台以门道为界对称建于南北两侧，形制相似，均为长方形，外边以石块包砌，墩台内为夯打密实的夯土，条块清晰、夯层明显、土质坚硬。墩台外围包砌一周石墙（暂称"主墙"），主墙墙体上发现一些排列有序的孔洞，其内见同形朽木痕迹，这些朽木嵌入石墙内部，周围敷以草拌泥加固。在墩台外侧即朝向城外的一侧墙体外围还有一层石墙，紧贴主墙，将墩台东侧墙体以及东部两拐角完全包砌（暂名"护墙"）。护墙之下有一道宽 1.2~1.5m 与墙体走向一致的石块平砌长方形平面，形似"散水"。墩台朝向门道一侧的主墙上分别砌筑出 3 道平行分布的南北向短墙，隔出4 间似为"门塾"的空间，南北各 2 间，完全对称，个别门塾还有灶址。外城城墙与墩台两端接缝相连，墙体宽约 2.5m，沿墩台所在山脊朝东北和西南方向延伸而去。

---

❶ 陕西省神木市高家堡镇志编纂委员会 . 高家堡镇志 [M]. 北京：方志出版社，2018.

内瓮城位于主门道西端，进入门道后，南墩台西北角接缝处继续修筑石墙，向西砌筑18m后北折32m，形成门址内侧的曲尺形"瓮城"结构。内瓮城东、西、南石墙墙根底部的地面上，发现了成层、成片分布的壁画残块300余块，部分壁画还附着在墙面上。

外城东门是国内已知最早的结构清晰、设计精巧、保存完好、装饰华丽的城门遗址，其体量巨大、结构复杂、筑造技术先进。东门址石砌墙体内嵌入了大量的玉器，凸显了古人崇尚"石玉"辟邪御敌的观念；内瓮城墙体上彩绘的壁画，颜色鲜艳，图案精美，是古代美术考古及艺术史的重大发现；城墙建造过程中用于防止坍塌而横向插入墙体的"纴木"是中国古代城建技术的重要创举；瓮城、马面等城防设施的出现不仅表明在古中国北方地区政治格局的复杂性，也成为东亚地区土石结构城防设施的最早实物资料；大量埋葬于城门地面下的头骨，清晰地表明了城建过程中祭奠活动或祭祀仪式的存在及这一区域社会复杂化倾向加强。

3. 瓮城

瓮城是用以加强城门防御的设施，它首先可以防止城门直接暴露在敌人的攻击下，又能在敌人进入瓮城时形成合围之势，从多方位打击敌人。石峁遗址目前发现三处瓮城遗迹，分别是皇城台门址的内、外瓮城，外城东门址的内、外瓮城及内城门址的双瓮城。这是目前所见最早的瓮城实例。

4. 马面与角台

马面是凸出在城垣外侧，每隔一定距离修建的台状附属设施，因其外观狭长如马面，故名，其主要功能是提高城墙的防御能力。马面的使用增加了守城方的防御面积，并与城墙互相作用，消除城下的死角，自上而下从三面观察、攻击来犯敌人，同时也可容纳更多的人员，并起到加固城墙本体的作用。目前，石峁遗址内城城墙东北部发现1处马面遗迹，外城址东门附近发现11处马面遗迹。

角台，一般是指修建于城墙拐角处的方形台子，突出于城墙之外。

其主要功能是减少防御死角，同时强调观测意义。石峁遗址目前发现
3座角台，平面呈方形或梯形，版筑夯土台芯，顶部坦平，外侧包砌
石墙，均位于外城东门南侧城墙转角处。

（二）外部屏障

1. 自然屏障

　　石峁遗址位于黄土高原的北部边缘地带，东距黄河约50km，地
貌主要为黄土梁峁和剥蚀山丘。西南与黄河的支流秃尾河相临，河岸
西侧沙梁连绵，东侧梁峁纵横，地表支离破碎。石峁城址依山势而建，
整个城址尤其是皇城台居高临下，易守难攻。依地形修建的多重石砌
城垣，又给敌人的进攻增加了重重阻碍。而且，在建造时考虑到地形
山势，部分地段不建城垣，依靠悬崖、峭壁等天险进行防御。整体而
言，石峁城址远可据河抗击敌人，近可依山体组织防御，完美地利用
了周围的自然屏障。

2. 周边聚落

　　龙山时代晚期，陕北地区中小型聚落数量暴增，部分聚落有环壕
或石制城垣，防御性能突出，它们散布在石峁遗址周边，组成了石峁
遗址的外围防线。寨峁遗址、石摞摞山遗址、桃柳沟遗址、薛家会遗
址、府谷寨山遗址等聚落分布在石峁遗址的四周，最远的距石峁遗址
不过50km。这些众星拱月般环绕在石峁遗址周边的"次级中心"，奠
定了石峁存在四五百年之久的社会基础，改变了仰韶晚期及龙山早、
中期所见的多中心、对抗式聚落分布形态，并逐渐向单中心、凝聚式
的聚落形态演变，形成了以石峁遗址为代表的早期国家。

四、石峁与高家堡

　　石峁与高家堡镇虽然相隔数千年之久，但从两座城址的诞生和发
展来看，冥冥之中又有着千丝万缕的联系，值得各界学者不断探究。

（一）因防御而生的"城"

石峁的建成与史前战争密切相关。史前农业的产生使得集团间暴力冲突日趋显著，并随着生产经济发展和社会集团规模扩大而使战争的原因、性质和形式逐渐发生变化，最终造成战争不断升级而日显残酷。龙山时代，陕北及内蒙古南部地区分布有大大小小的石城百余座，意味着这一地区的部落较为复杂，部落间冲突频仍，需要多筑石城以保安全。研究显示，石峁城址所在的秃尾河流域，龙山时代早中期，聚落发现有 15 处，石城聚落 6 处。龙山时代晚期，发现聚落共 37 处，其中石城聚落仅 2 处。从龙山时代早期至龙山时代晚期，石峁由一个中型聚落中心扩张为超大型聚落中心，周围中小型石城数量锐减，这与频繁的战争侵略、武力吞并密切相关。同时，石峁遗址可能在龙山时代晚期已形成了早期国家，至少也是一个高度复杂化的政体。遗址内祭祀、建筑遗存也表明城内有一群地位极高的统治者，他们采取了一系列措施来体现统治阶层的地位。一方面重修皇城台、城门等以加强对城内的统治。另一方面，通过扩建城墙，构筑外围防御体系，突出城址在整个聚落范围内的地位，以达到震慑、压制周围聚落的目的。

石峁遗址消失后的三千余年间，随着自然环境的变迁，以及政治格局形势的变化，处在农牧交错带上的秃尾河流域始终是民族争端的前沿，农耕和游牧文明常常在此碰撞，导致这里人烟荒芜，建置难设。到了明代，随着迁徙进入河套地区的鞑靼蒙古部落与明朝军事冲突的加剧，为了巩固边防，正统初年，延绥成为明九边重镇之一。正统四年，阻山带河、地理形胜的高家堡建成，正式成为延绥镇"城堡防御"体系中的一个重要节点。此后，随着"大边""二边"长城的不断整修完善，高家堡逐步扩修，边防设施逐步巩固，军堡与边墙相结合的防御体系日渐完备。后又采取移民实边、垦荒屯田等措施，高家堡由单纯的军事防御聚落逐渐向军民共存的综合性聚落发展。

（二）各有千秋的城防

石峁与高家堡因军事防御而生，都具有完备的防御体系，又因历史背景、社会环境、自然地形等因素的不同，在防御特色上各有千秋。如前所述，石峁城址修筑了三道城垣，并设置城门、瓮城、马面和角楼等巩固城垣防御，形成了一套完善的城垣防御设施。同时因地制宜，依山势而建，借助自然屏障增强了城址的防御能力。另外，石峁城址四周发现的具有一定防御能力的环壕聚落或石城遗址，构成了石峁周边的防御屏障，形成了以石峁为核心，多城呼应的防御格局。

而到了明代，明长城完善的防御工程和严密的军事防御组织机构共同构成一道城堡相连、烽火相望的万里防线。高家堡作为这个庞大防御体系中的一个重要城堡之一，其西北距明长城边墙约5km，军事战略地位突出，周边群山环抱、两河交汇，易守难攻的地形有利于城池整体防御体系的建设。在物质防御层面则是通过修建城墙—城门—瓮城—罗城等一系列完善的军事防御体系来完成。其建设形制基本依照明长城沿线军事寨堡第四级屯兵单位所城而设，即边长300~500m，在十字街的基础上划分巷道，多数情况并未设立北门。高家堡具体的防御体系和城池格局可从后续章节中一一窥见。

（三）"城"的衰落与复兴

目前，关于石峁的衰落主要有两个方面的推断。一方面，石峁所在的黄土高原被过早地开发，人口的快速增长使整个环境也进入了较早的破坏阶段。人们在生产生活中，为了满足需要而乱砍滥伐，加上频繁战争的不断毁坏，以及黄土高原疏松的土质，整个气候环境变迁，促使人口迁徙。另一方面，石峁城的建设规模远非本部族可以承担，同时从发掘的墓葬可知，当时人殉情况非常严重。石峁周边发现同时期的遗址有千处之多，相比石峁它们小很多，或许是这些小国不堪忍受石峁王国的欺凌与奴役，联合起来对抗，使石峁在一次次战争消耗中走向衰落。

尽管早在20世纪50年代，石峁遗址就得到了关注，但直到2000年以后，这座深藏于陕北黄土梁峁之间的石头城才得到了应有的重视和保护。2015年12月，神木县石峁遗址管理处正式成立，主要负责开展有关石峁遗址保护、发掘、开发和利用工作中的具体事宜；2016年4月，陕西省人民政府正式颁布实施《石峁遗址保护规划（2016—2030）》；2017年11月，《陕西省石峁遗址保护条例》正式施行；2019年，石峁遗址被列入《中国世界文化遗产预备名单》；2023年10月，石峁遗址申报世界文化遗产工作推进办公室成立，石峁遗址申遗工作持续推进；2023年，石峁遗址被正式授牌为国家考古遗址公园，石峁博物馆开馆，博物馆设置文物展示区、文明史视频体验区、考古体验区等，在保护遗址的同时实现了对石峁文化的传承。展望石峁的未来，相信在各级政府的重视下，石峁遗址将成为展示华夏民族文化记忆的"圣地"。

　　从明朝的兵防要塞到清朝的商贸重镇，高家堡作为"陕北名堡"在历史的舞台上熠熠生辉了五百多年。到了民国后期，因常年战争和国策的影响，长城沿线的城堡赖以生存的生态环境遭到了毁灭性的破坏，人居环境持续恶化，城镇发展逐渐走向衰落，曾经辉煌一时的"陕北名堡"也逐渐湮没在黄土高原沟壑之中。正如前面所述，直到进入新世纪，高家堡镇的历史文化遗产保护工作才逐步得到重视。从入列省级重点文物保护单位到两版历史文化名镇保护规划实施，高家堡的历史格局得以重现，空间格局、城墙防御系统、街巷院落和历史建筑都得到了不同程度的保护修缮，同时，丰富多彩的非物质文化遗产也借助有形的文化空间得到了展示和传承。

　　新时代，随着历史文化遗产保护工作的深入推进，我们相信石峁遗址和高家堡古镇的文化遗产价值将再次焕发出新的光彩。

高家堡古镇因军事防御而建，因此营建之初选址考虑军事辖区内作战距离要求，遵循"因地形用险制塞"原则，同时基于"家属同守"的特征，满足人居生活需要，并体现传统风水要求。古镇得以留存发展亦得益于得天独厚的区位优势，交通区位优势也为后期商路的开辟扩展提供了客观条件。

一、影响因素

（一）整体防御

高家堡古镇位于陕西省榆林市东北部，神木市境中南部。从地理区位来看，整个榆林地区极为独特，处于黄土高原与毛乌素沙漠交界地带，自古就是农耕民族与游牧民族的冲突频发区域。❶明朝时期，榆林的军事地位尤为突出。初期，明朝政府为防御蒙古的大举入侵，在现榆林境域设置了延绥镇（"九边重镇"之一）。然而，此时的延绥边卫仅仅用于练兵屯田、组织兵源，另在塞外设有大宁、开平、东胜等卫所作为前沿防线。"正统间，失东胜，退守黄河。"（《明会典》）延绥镇成为军事前沿，不得不筑城堡守北疆。"东起黄甫川，西至定边营，千二百余里联墩勾堡，横截河套之口，遂称雄镇。"（《明会典》）❷高家堡是最早设立的营堡之一，始建于明英宗正统四年（1439年）。延绥镇三十七营堡以及"大边""二边"共同组成完整的防御体系。

高家堡始建初期，明长城尚未大举修筑（高家堡的营建早于"大边""二边"），因此，其选址并未受长城选址的直接影响，而是作为延绥镇"城堡防御"体系中的一个节点，与其他城堡共同散点状布局在

---

❶　[清]谭吉璁纂修，陕西省榆林市地方志办公室整理. 康熙延绥镇志 [M]. 上海：上海古籍出版社，2012：1.

❷　[清]李熙龄纂修，陕西省榆林市地方志办公室整理. 榆林府志 [M]. 上海：上海古籍出版社，2014：419.

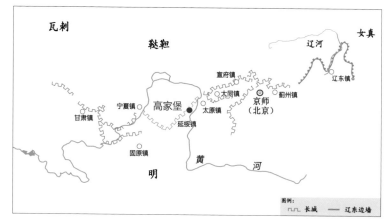

图 5-1　明长城沿线九边示意图

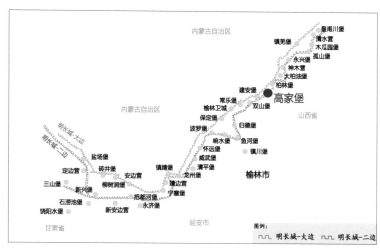

图 5-2　延绥镇长城寨堡示意图

延绥镇防御前线上。同时，考虑作战距离的要求，两堡往往间隔三十里或四十里而设。❶以高家堡为例，其东距柏林堡四十里，西距建安堡四十里。

---

❶　李严，张玉坤，解丹 . 明长城九边重镇防御体系与军事聚落 [M]. 北京：中国建筑工业出版社，2018：142.

九边重镇之延绥镇

《明史》记载："元人北归，屡谋兴复。永乐迁都北平，三面近塞。正统以后，敌患日多。故终明之世，边防甚重。东起鸭绿，西抵嘉峪，绵亘万里，分地守御。初设辽东、宣府、大同、延绥四镇，继设宁夏、甘肃、蓟州三镇，而太原总兵治偏头，三边制府驻固原，亦称二镇，是为九边。"❶ 延绥镇究竟是初设边镇抑或是继设边镇尚无定论，但自天顺、成化以来，河套逐渐成为漠南蒙古的重要根据地，相继入主河套的诸部落不断寇掠明边，在这种形势下，延绥在北边防御体系中的战略地位便日益显得重要。❷

（二）局部攻防

《周易》载："王公设险以守其国"，"因地形用险制塞"是明长城军事城堡选址的基本原则。榆林地区因其复杂的山川地貌，重要的战略地位，使得明长城沿线军事防御型城堡将如何利用山川地理形态，

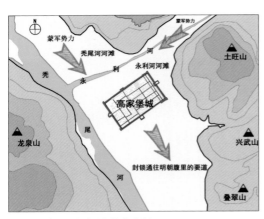

图 5-3　高家堡古镇防御性选址分析

营造有利攻守的战略形势列为城堡选址的首要问题。根据地貌特征，城堡选址可分为居高山上、扼守山谷，背山面水、道中下寨，沙漠荒原、城墙相互，谷中盆地、水陆并重四类。❸

高家堡的选址则属于谷中盆地、水陆并重，处于一个周山环水的钵体之中，拥有安全稳固的天然屏障，也充分印证了"因山设险，以河为塞"及"进可攻，退可守"的军事防御思想。城堡设在两山（东有土旺山、兴武山、叠翠山，共同构成东山；西有龙泉山）夹凹、

❶　明史·卷91·兵三 [M].

❷　于默颖.明蒙关系研究：以明蒙双边政策及明朝对蒙古的防御为中心 [D].呼和浩特：内蒙古大学，2004.

❸　李哲，张玉坤，李严.明长城军堡选址的影响因素及布局初探：以宁陕晋冀为例 [J].人文地理，2011（2）：103-107.

图 5-4　叠翠山防御视线分析

图 5-5　龙泉山防御视线分析

两水（秃尾河和永利河）交汇之处，西北部的秃尾河河滩和东北部的永利河沿岸都是蒙军进犯的入口，山屏河据的地形优势将可能的入侵点集中在两河、两山所形成的夹角地区，大大缩小了防守面积，易于集中兵力应对突袭；同时，对蒙军而言，急流险滩的不利地形也大大削弱了其战斗力。

及早发现敌情也是克敌制胜的关键。高家堡利用两山作为依托构成了天然的瞭望所，叠翠山和秃尾河河滩的轴线关系以及龙泉山和永利河沿岸的视线通廊为远眺敌军动态提供了条件。❶ 同时，高家堡在选址时最大限度取舍了山水之"优""劣"（山脉和水系的军事作用往往

---

❶　吴晶晶. 陕西高家堡古镇空间形态演进及其用地结构研究 [D]. 西安：西安建筑科技大学，2008.

077

相互矛盾，山至高险则水用不足，反之亦然❶）的最佳结合，有曰："客绝水而来，勿迎之于水中，令半渡而击之利。"高家堡灵活利用自然地形地貌，合理预留了迎敌的安全距离。

（三）屯兵戍边

高家堡的选址除了要便于及时应战和援助相邻营堡之外，还要有充足水源和便于粮草运输的道路等适合人长期居住的条件。据记载，高家堡屯兵 1500 余人❷，且明制规定军户家属随军，因此军堡要具备一定人口长期居住的条件。同时，理想的军堡选址与中国传统风水聚落吉地的选择标准是一致的，即背山面水、负阴抱阳、藏风纳气。

高家堡建城之前，其城址上已有高家庄村落的存在，是人类聚居之所，其人类聚居甚至可以追溯到公元前 2300 年之前的石峁遗址（距高家堡古城约 2000m）。高家堡选址虽未完全遵循传统风水，但也暗合风水的基本原则。"风水"一词最早见于晋代郭璞《葬书》中："气乘风则散，界水则止，古人聚之使不散，行之使有止，故谓之风水。"❸风水中认为河流交汇之处是上选，高家堡恰位于秃尾河与永利河交汇之处，不仅水源充足，而且处于交通要道。中国典型的风水宝地模式是左青龙、右白虎，成扶手状；背靠玄武，屏风高大；南面相对平坦开阔，整体呈山环水抱

图 5-6　高家堡古镇选址意象图

❶ 李严，张玉坤，解丹 . 明长城九边重镇防御体系与军事聚落 [M]. 北京：中国建筑工业出版社，2018：143.

❷ [清] 谭吉璁纂修，陕西省榆林市地方志办公室整理 . 康熙延绥镇志 [M]. 上海：上海古籍出版社，2012：61.

❸ 王秀 . 重庆山地古镇风水选址评价研究：以安居古镇和龚滩古镇为例 [D].重庆：重庆师范大学，2016.

图 5-7　高家堡全景图

之势，实现人与自然和谐相处。高家堡受限于自身地理环境，虽与理想的风水宝地模式有一定出入，但东、西、南有土旺山、兴武山、叠翠山、龙泉山拱秀，西侧和北侧又有秃尾河、永利河绕带，在西北方向是由秃尾河冲积形成的河滩地，广袤平阔，水草丰茂。高家堡选址于面山靠水之地，素有"两山对峙形如钵，二水绕城聚宝盆"之美称。因其山环水绕、水丰地沃，城南区域地势平坦宽阔，在山水环抱中有温润的地理小气候，十分有利于耕种。因此，经历长期的发展，高家堡兼有屯戍一体、耕战结合的戍守、居住和生产等诸多职能。

二、留存发展

如上所述，军事聚落首先基于军事作战需要考虑进行选址布点，而非人居环境适宜性。边塞地区往往地形复杂，崇山峻岭、大漠孤烟，古诗有云："绝域阳关道，胡烟与塞尘。三春时有雁，万里少人行"（王维《送刘司直赴安西》），可见边塞生活环境之恶劣。在延绥镇"城堡防御"战略之下，每隔三十里或四十里建一堡，难免建于山高水少

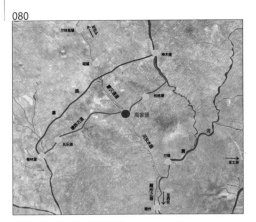

图 5-8 明朝高家堡路线图

（图片来源：杨正泰.明代驿站考：增订本 [M].上海：上海古
籍出版社，2006：11）

等险恶地形之上，此类寨堡后期随着军事职能的
衰退而逐渐衰败。❶高家堡得以留存发展，一方面
得益于其突出的交通区位，另一方面得益于商贸
的繁荣发展。

（一）交通区位

高家堡是延绥镇东路长城和中路长城的交汇
地点，所在之地连蒙、晋，通冀、豫，同时拥有
陆路、水路两种交通线路。陆路有塘路、草路、
秃尾河古道三条道路，其中，塘路是明代以延绥
镇城（现榆林）为核心开辟的一条东路大道，途
经高家堡，直抵府谷，旧榆府公路以此为基础进行建设；草路亦称
"驴路"，由神木至榆林，线路分布在明长城以外的牧区，沿途人烟稀
少，多有商队通行，故称"驴路"，新榆府公路在此基础上建成；秃
尾河古道是沿秃尾河东岸形成的一条南北通道，南抵关中，北至鄂尔
多斯，接草路东可达山西、河北，西可连宁夏、甘肃，是一条通商要
道。❷高家堡交通体系的先天优势，为军事驿道建设提供了有利条件，
能够服务于封建统治的政治军事需求。区域交通体系的完善也为后期
商路的开辟扩展提供了客观条件。

（二）商贸区位

明代延绥镇（成化九年，即 1473 年，延绥镇治所迁至榆林城，成
为全镇之心脏❸）城堡之间的交通虽是为了军事沟通和供给而修筑，然
而，受到巨大军需的带动，商业活动围绕着军事城堡开展。在明隆庆

❶ 李严，张玉坤，解丹.明长城九边重镇防御体系与军事聚落 [M].北京：中
国建筑工业出版社，2018：143.

❷ 神木县高家堡镇志编纂委员会编.高家堡镇志 [M].西安：陕西人民出版社，
2016：225.

❸ 李严，张玉坤，解丹.明长城九边重镇防御体系与军事聚落 [M].北京：中
国建筑工业出版社，2018：87.

四年（1570 年），明朝实行"俺答封贡"政策（是继"土木之变"对蒙实行"闭关绝贡"政策以来再次与蒙通贡互市）的背景下，军事城堡进一步成为边贸互市的载体。榆林镇逐渐成为边塞商贸中心，可谓"巍然百雉，烟火万家"，"屹然为三边雄镇" ❶，并在神木堡、靖边营、新安边营、孤山堡、清水营、安边营设置每日开市的"常市"，而其他城堡则具有定期"集市"。❷

　　蒙汉互市之初，高家堡虽未辟为马市（明长城沿线民族互市的场所），然而得益于其便利的交通条件，同时控制陆路与水路两条交通线路，却是互市交易物资的重要中转站。随着马市由官市逐渐过渡到民市，堡内集市和庙会逐步出现，并由半固定集市逐渐形成固定集市。清初边口贸易放开，高家堡凭借其地处秃尾河中游商道中转站的区位优势，商贸得到更大发展。乾隆元年（1736 年），清政府在榆林等地"准食蒙盐，并无额课"，从而疏通了内蒙古鄂尔多斯盐碱流向内地的商业通道，一大部分盐碱从口外经高家堡，在万户峪（万镇）上船，渡黄河运达山西临县碛口镇等地；内地的铜锡器、包烟、湖茶、布匹、白酒等商品又经高家堡销往鄂尔多斯，晋冀客商举家迁入高家堡定居的状况一直持续到民国年间，高家堡边贸活动盛极一时，规模不亚于神木县城。民国末期，高家堡既处于榆神府国统区交通要道，又是红白军事力量接壤区，既为国民党驻军提供商业消费，也是红军后勤物资采购之地，商业依然繁荣。改革开放前期以及"文化大革命"期间，高家堡商业活动出现短暂的式微。随着 20 世纪 80 年代的改革，高家堡处于府谷、神木通往榆林的旧榆神公路交通线，也是万镇、贺家川、花石崖、太和寨、乔岔滩等乡镇出行的重要中转站，是全县西部地区的交通中枢，带动了商贸的复苏与繁荣。直至 1988 年，新榆神公路建成通车，高家堡失去交通枢纽地位，商业才渐趋冷淡。❸

　　❶　榆林市志编撰委员会 . 榆林市志 [M]. 西安：三秦出版社，1996.
　　❷　吴晶晶 . 榆林地区明长城沿线军事防御型城堡人居环境研究 [D]. 西安：西安建筑科技大学，2013.
　　❸　神木县高家堡镇志编纂委员会编 . 高家堡镇志 [M]. 西安：陕西人民出版社，2016：163–165.

第六章 城池格局

一、平面布局

军事城堡区别于传统人居聚落"点（个别居民点）—面（居住区）—片（居住群落）"的空间演进过程，往往兴起于满足维护统治阶级的统治权益、军事安全的基本需求，历经"先有边界—城市格局—填充城市内容（人口、建筑、支撑体系）—城市功能逐步完善"的渐进发展过程，这一过程贯穿着"军事防御""人居生活"两条主线，城池格局亦体现两方面特征。❶

（一）军事聚落层级体系下的堡城防御体系

明朝军事聚落按规模从大到小可分为镇城、路城、卫城、所城、堡城五种类型。延绥镇没有卫、所，堡城分担卫的功能，因此延绥镇的堡城规模比较大，与路城相差无几（表6-1）。高家堡古镇平面为长方形，东西长431m，南北宽311m，城周长约1500m，占地面积约19万 m²。城池始建为夯筑土城，其后进行包砖，又经清乾隆年间两次大规模整修，格局基本形成。城墙墙体高约10m，残高6.5~9.1m；基宽7~10m，残宽4~6.8m；顶残宽1~4m，女儿墙原高约1m。四座角

明朝各镇不同等级城池规模对比表　　　　　表6-1

镇	驻兵人数	各级城池周长平均值/m				
		镇城	路城	卫城	所城	堡城
大同镇	13500	7405.2	3275.5	5037.3	2653.7	1108.9
山西镇	1275	3457.6	2857.2	4135.1	2448.8	1518.7
宣府镇	151452	14104.8	3015.4	3984.4	2802.2	1493.1
延绥镇	9797	8152.7	2228.4	无	无	1694.4
宁夏镇	21549	10578.6	3526.2	3526.2	2233.3	1228.2
甘肃镇	10527	7052.4	5085.5	5096.2	2644.7	925.8

（数据来源：《明长城九边重镇防御体系与军事聚落》）

---

❶ 吴晶晶.陕西高家堡古镇空间形态演进及其用地结构研究[D].西安：西安建筑科技大学，2008.

楼仅存砖包夯土台，均破坏严重。城墙间有马面，四角墩台尤为突出，故民间有"城小拐角大"之说。❶

李严等学者对明长城九边重镇防御体系的研究表明，堡城作为最低一级军事聚落，其外围往往由寨和墩台作为周环屏障，整个军事辖区呈放射状空间布局。❷高家堡完全符合这一特征，周围群山上有绵羊头墩、峰子梁墩、高家堡墩、金刚墩、高庙墩、杏树梁墩、牛皮要墩等边墩8座，崖砦小墩27座，扼守川道。同时，由于开城门数反映出城堡的级别、规模、驻兵人数等，也与防御要求有关，堡城开一门、二门或三门不等，延绥镇开三门的堡最多，占一半以上。高家堡城墙即开设了东西南三个瓮城城门，城北既有永利河，又有防御北边蒙古骑兵的压力，故在建城之初并未修建北城门，而是在城墙北侧再筑小城——罗城，形成多重防御。小城位于城墙北侧50m处，高、宽各约1m，两侧砌石，上压筑城灰渣，既是城池保卫的辅助防御设施，也具有防洪功能。

（二）"防御"特色鲜明的独特轴线格局

中国历史城市营建之初依据山水环境确定城市基本方位、朝向和态势。❸高家堡古镇即是"山水定势"的典型案例，摒弃古代营城极具代表性的正南北轴线格局，营建之初基于防御需求的考虑，将南北向轴线进行扭转，与正北方向成36°夹角（恰与叠翠山—秃尾河河滩形成视线通廊），从而实现借助叠翠山的山势观察"咽喉之处"——秃尾河河滩，起到警戒防卫的作用；东西向轴线平行于东西两山制高点的连接线，形成东西拱卫之势；而它选择东西长、南北短的城市形态，也是出于防守的需要，起到封锁山谷河道的抵御作用。

---

❶ 陕西省神木市高家堡镇志编纂委员会.高家堡镇志 [M].北京：方志出版社，2018：79~84.

❷ 李严，张玉坤，解丹.明长城九边重镇防御体系与军事聚落 [M].北京：中国建筑工业出版社，2018：137.

❸ 杨保军，王军.山水人文智慧引领下的历史城市保护更新研究 [J].城市规划学刊，2020（2）：80-88.

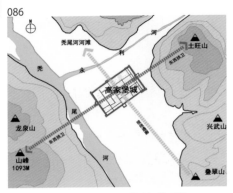

图 6-1　高家堡古镇与周边环境空间关系图

单纯从营城角度考虑，高家堡正南北方向缺乏"枕山面屏"的风水格局，方向扭转弥补了此处风水的不足，大致形成了山南水北、负阴抱阳的传统人居环境。❶

（三）"礼制"思想继承的"择中"营城理念

高家堡建城之初即体现了中国传统"礼制"思想——四方城池，十字街巷。与夯土城垣同时建造的有中兴楼、城隍庙、上帝庙、财神庙。其中，中兴楼（先为钟鼓楼使用，后附加宗教祭祀功用）位于城堡中心，起到定中的作用，形成了东西南北四条主街巷，确定了十字格局；其次，在中兴楼以东中点偏北的位置建造了城隍庙，在中兴楼以西中点偏北的位置建造了上帝庙；其余巷道在此基础上依次取中划分，从而形成了高家堡棋盘式街巷格局。❷

同时，李严、张玉坤等学者的研究表明，明朝在城市和乡村普遍使用里坊制组织基层单元，并移植进长城沿线军事寨堡中，因此在高家堡也存在里坊制。在建筑学层面上，里坊制的形态格局即为方格式路网划分，里坊周围由封闭的坊墙环绕，里坊内宅院整齐排列。❸从高家堡古镇的空间肌理不难看出，建筑整体排列整齐，空间紧凑，巷道建筑组团私密性较强。

明清时期，高家堡古镇多加修葺，延续了原有古镇格局，并使城堡规划更加完善，古镇建筑形态基本形成。城内阁楼、庙宇等公共建筑多为青砖三墙、檩柱大柁、五脊六兽的砖木结构。一般民居多为四合院，以青砖灰瓦的砖木结构为主，也有石砌的窑洞四合院，有的院

---

❶　吴晶晶. 陕西高家堡古镇空间形态演进及其用地结构研究 [D]. 西安：西安建筑科技大学，2008.

❷　吴晶晶. 陕西高家堡古镇空间形态演进及其用地结构研究 [D]. 西安：西安建筑科技大学，2008.

❸　李严，张玉坤，解丹. 明长城九边重镇防御体系与军事聚落 [M]. 北京：中国建筑工业出版社，2018：177.

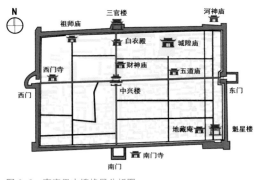

图 6-2　高家堡古镇格局分析图

园结合，在住宅大院内留有种植花果树和蔬菜的园子，如前院后园的李家大院、院内展阔的何家大园子、张家园子。东西大街、南大街街道两边店铺毗邻、整齐划一，整体建筑形态美观实用、别具一格。❶

（四）商贸职能繁荣的"城市"格局凸显

"战争和贸易，城市以这么两种寻常和不寻常的接触方式大大扩展了对外社会交流的领域。如果说在开始的时候城市的对外关系主要是战争的话，像柏拉图在他的《法律篇》中所说的那样，每座城市与其他各城市之间都处在自然的战争状态，那么，商业贸易逐渐取而代之，成为城市对外关系的主流，变为城市的基本标准和固有活力，是挡不住的历史潮流。"❷高家堡因军事而建立，却因商贸而兴盛。清朝时期，随着蒙汉互市的全面开放，高家堡逐渐商贾云集，人口大量集聚，众多民居、商铺均修建于此时。据载，清乾隆年间，高家堡经历过两次大规模整修（分别于乾隆十五年、乾隆三十三年），延续原有城镇格局的基础上进行细部建筑的建设完善，其中古镇里形制最高级、保存最完整的民居——韩家大院就建于清乾隆以后。高家堡"三街十六巷"的格局也随着城堡职能的转变逐渐成形，以三条大街为市，临街设店，店铺开间数多为三、五、七间，铺面以单层居多，双坡硬山式屋顶。宋代以前，"市"一般为封闭围合的点状空间，宋代以后，开放自由的商业街区开始出现，商业建筑出现下店上寝和前店后寝两种形制，而高家堡多为前店后寝式院落形制，且院落进深远大于临街面宽。南大街尚保留有部分店铺和传统建筑，至今仍延续了商业功能。巷道里的民居以四合院形制居多，空间方正闭合。

---

❶ 神木县高家堡镇志编纂委员会编 . 高家堡镇志 [M]. 西安：陕西人民出版社，2016：245.

❷ 田银生 . 城市发展史 . 华南理工大学 [D/OL]. http://www.jtzy.net

繁荣的集贸市场 ❶

高家堡传统集贸市场有集市和庙会两种形式。道光《神木县志》记载，明代，除在县城五龙口设有互市外，四乡亦有如高家堡、永兴堡等多处设定期贸易集市。由此可见，高家堡集市是当今神木辖地内开集年代最早、延续时间最长的集市之一。

集市：据道光《神木县志》记载，高家堡当时已有集市，每月农历逢三、七日开市，月开市六次。"文化大革命"期间，实行"社会主义大集"，改为农历逢五日开市。不到一年，又改为农历逢一开市，每月三次。1979 年，恢复为农历逢三、七日开市，月开市六次，一直延续至今。据《延绥镇志》记载，时值清代高家堡集市日隆，较之明末派生出许多的专业市场，如南门外的草炭市、口市、盐碱市，东街的粮食市、人力劳动市场，南街的百货市和水果市等。

庙会：传统庙会兼具酬神答谢、人神共娱、亲友聚会和商品交易功能。庙会举办时间一般在 3 天以上，"过会"时唱庙戏，商贩借机摆摊设点。

（五）明清四合院与窑洞建筑完美融合

高家堡古镇内的民居具有典型的北方明清建筑风格，现存民居大部分建于清末民初。民居建筑的体态形制变化较多，以梁架支承式的砖木结构平房四合院为主，也有砖石窑洞与房屋结合的院落，还有部分二层楼院，以及院园结合、种植花木果蔬的住宅大院。四合院里空间变化丰富，设计建造注重礼仪以及小空间的充分利用。民居结合当地的环境、气候、生活习惯和民俗，融京式、晋式民居建筑优点于一体，青砖灰瓦，风韵雅致，美观实用，风格独特。

❶　神木县高家堡镇志编纂委员会编 . 高家堡镇志 [M]. 西安：陕西人民出版社，2016：167-168.

四合院的特色总体来说是传统明清四合院与窑洞建筑的结合，体现在：正房为传统明清木构架悬山或硬山建筑，而东西厢房却为窑洞形式；正房为窑洞形式，却带有传统明清四合院正房的前柱廊；楼院建筑，正房为两层建筑的宅院，正房底层为拱券窑洞，上层为木构架的通廊硬山屋顶。窑洞建筑与传统明清四合院建筑在这里相结合，既相互协调统一又富有变化，体现地方特色。

二、竖向空间

（一）空间剖面

高家堡处于秃尾河和永利河交汇处的平原之上，其规模、尺度与周边自然山水环境和谐统一。从东西、南北分别剖切，可以看出周边山体、河流、农田、建筑等景观要素的有序关系。

图 6-3　高家堡古镇剖切位置示意图

图 6-4　高家堡古镇 A-A
视图（上）
图 6-5　高家堡古镇 B-B
视图（下）

（二）视线通廊

　　高家堡在营建之初便充分考虑了山水城之间的相互关系，如今看来，三者之间存在的或明或暗的视线关系构成了古镇重要的轴廊体系。

　　核心视点：中兴楼。

　　重要视点：叠翠山、土旺山、龙泉山、兴武山。

　　重要视线通廊：

　　（1）北大街——中兴楼——南大街——叠翠山视廊；

图 6-6 高家堡古镇重要视线
通廊分析图

图 6-7 错落有致的竖向空间
（摄影：大雄）

（2）西山山顶——西大街——中兴楼——东大街——土旺山视廊；

（3）中兴楼——龙泉山视廊；

（4）中兴楼——兴武山视廊。

（三）建筑高度

古镇建筑层数以 1~2 层为主，高度约 5~9m。最高建筑为位于古镇中心的中兴楼，高 16.5m。站在中兴楼向四周望去，建筑屋脊鳞次栉比，错落有致，厚重而温润，淳厚质朴，古典韵味十足。

第七章 街巷空间

一、街巷结构

由于古代城池多为方形或长方形的布局，所以道路的规划也纵横交错成为方格。每个城池基本上都有十字大街，用十字大街贯通城门，这个十字大街即是主干路。有的十字大街东西不直通，也有的十字大街南北不直通，这是出于防御方面的考虑。❶

高家堡内街巷系统包括主街、环城巷和其余巷道，目前较好地保留了原有的格局和肌理。其中，主街（十字大街）以中兴楼为轴心，向四方辐射，经纬干道，十字分立，贯通城门，是整个堡城的骨架。东、南、西大街，具有传统商业街轴线明确简单、方向感强、透视明显、布局严谨规整等特点，直通城门；北为短巷，基于防御方面的考虑，北巷狭窄且拐点多（北向无城门）。

环城巷是在城墙内部设一圈巷道，便于迅速调集兵力登上城墙作战。高家堡的环城巷包括北城上巷、北城下巷、西城巷、东南城巷、西南三道巷、北一道巷、一道巷南。

以主街（十字大街）为骨架，古镇还延伸出北二道巷、二道巷南、城隍庙巷、南东三道巷、同心上巷、同心下巷、十字上巷、十字下巷、西南一道巷、西南二道巷、郝家巷、韩家丁字巷等巷道，经纬交错，棋盘式排列，统称为高家堡的"三街十六巷"。东西向街巷

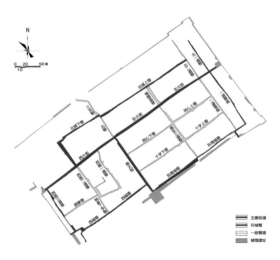

图 7-1　高家堡街巷体系图

---

❶　张驭寰.中国城池史[M].北京：中国友谊出版社，2022：218.

间隔约 50m，南北向街巷间隔 100~130m，将古镇划分为多个地块。街巷与民居院落的联系基本呈枝叶结构。街巷院落梯度关系并不十分明晰，有的院落正门朝向三大街，有的则从支巷进入院落。

高家堡的道路关系简单，路网结构清晰明确，其中，东街长 286m，西街长 198m，南街长 153m，北巷长 106m。每条街的空间高度大约在 5~9m，均为青石板铺地。

二、街巷尺度

当街道高宽比 D/H<1 时，空间呈现出私密尺度，甚至有压迫感；当 D/H=1~2 时，空间比例关系较为合理，给人以亲切感；当 $D/H \geqslant 3$ 时，空间开阔，可视范围较大。❶

高家堡古镇的街巷呈现出"宽街窄巷"的特征。其中，南大街平均宽度 11m，最宽处甚至达 14m；东大街平均宽度 12m，最宽处达 15.6m；西大街平均宽度 10m，最宽处达 11.6m。巷道除城隍庙巷平均宽度 6m，南东三道巷平均宽度 5m，东南城巷平均宽度 7m，其余巷道平均宽度均小于 4m，最窄的巷道不足 2m。高家堡古镇内以一层建筑为主，三条大街的高宽比为 3~4，巷道高宽比以小于 1 者居多，个别为 1~2。古镇街巷的空间感受不仅取决于街巷尺度，还与街巷空间中所发生的人类行为活动对空间的影响有关。由于高家堡古镇内巷道基本依靠传统民居建筑围合而出，人流量较少，因此不同于城市街道，古镇街巷高宽比小于 1，并未带给人压迫感，反而给人一种悠然静谧的感觉。高家堡三条大街以商业功能为主，对驻足空间需求量较大，且人流量较大，因此高宽亦比较大。

---

❶ 芦原义信. 街道的美学 [M]. 尹培桐，译. 天津：百花文艺出版社，2006：46.

街巷尺度空间分析表

表 7-1

街巷名称	街道宽度 /m	剖面示意图	街道高宽比 D/H
东大街、西大街、南大街	10~15	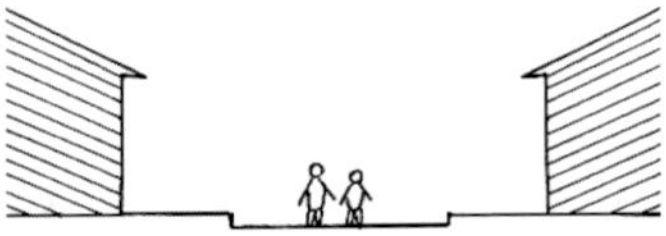 东大街  西大街	2~4
城隍庙巷、南东三道巷、东南城巷	5~8	 南东三道巷 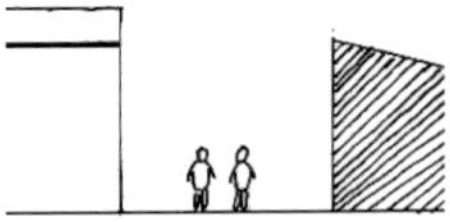 城隍庙巷	1~2
北一道巷、北二道巷、一道巷南、二道巷南、同心上巷、同心下巷、十字上巷、十字下巷、北城上巷、北巷、三关巷、北城下巷、西南一道巷、西南二道巷、西南三道巷、郝家巷、韩家丁字巷、西城巷	1.5~4	 同心下巷  郝家巷	0.3~1

图 7-2 高家堡街巷透视图

(a) 南大街；(b) 城隍庙巷；(c) 同心下巷；(d) 北城上巷；(e) 南东头道巷；(f) 西南头道巷

十字街形态尺度表

表 7-2

南大街	东大街	西大街	北巷

 中兴楼 南门	 中兴楼 东门	 中兴楼 西门	 中兴楼 三官楼
长 154.5m 最宽处 12m	长 280.76m 最宽处 12m	长 198.29m 最宽处 10m	长 101.98m 最宽处 5.4m

街巷名称	宽度 /m			直线长度 /m	路面类型
	左（上）端	中部	右（下）端		
南东头道巷	2.79	3.88	2.59	14.69	水泥花砖
南东二道巷	2.70	2.80	2.40	14.70	水泥花砖
同心下、上巷	2.12	5.30	4.28	238.06	水泥花砖
十字下、上巷	2.06	3.90	2.49	238.69	水泥花砖
南东三道巷	1.99	5.20	2.72	150.03	青石板
西南头道巷	3.46	4.96	1.53	116.34	水泥花砖
西南二道巷（南侧）	2.89	8.15	2.17	129.87	水泥花砖
德成巷	3.36	8.46	1.92	91.66	水泥花砖
西街西二道巷	2.57	2.61	1.92	91.66	水泥花砖
西城巷	2.72	3.83	3.12	203.22	水泥花砖
北城下巷	4.48	5.80	4.40	98.78	青石板
北城上巷	5.03	5.83	4.14	239.46	水泥花砖
北东头道巷	2.07	3.05	2.72	89.06	水泥花砖
北东二道巷	1.20	2.50	2.30	106.97	水泥花砖
城隍庙巷	7.00	6.21	4.98	43.95	青石板
西南二道巷（北侧）	7.77	8.56	5.52	66.40	水泥花砖

三、街巷连接方式

高家堡街巷的连接方式主要有四种：十字形交叉口、丁字形交叉口、Y 字形交叉口、拐角。

1. 十字形交叉口

十字型交叉口视线通透，方向感良好，较为常见。高家堡街巷十字型交叉口又分为两种情况：一种为十字正交形，主要见于东西大街与南北向街巷的交叉口，如典型的十字大街交叉口；其余十字交叉口较不规则，有两个"丁"字口相连的模式，如北巷与北城巷交叉口，有的局部空间放大为风车状，如西南二道巷与郝家巷交叉口。

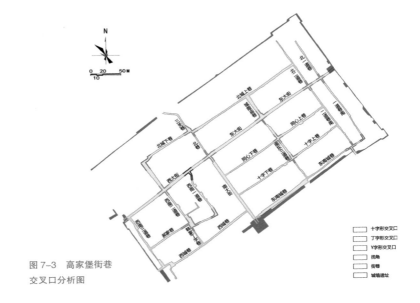

图 7-3　高家堡街巷
交叉口分析图

2. 丁字形交叉口

丁字形交叉口即是尽端路，多见于军事堡城的巷道中，门不正对、路不直通，以加强防御性❶。高家堡巷道与环城巷的交叉口多为此类型，如城隍庙巷与北城上巷交叉口、南东三道巷与东南城巷交叉口、韩家丁字巷与西城巷交叉口等。

3. Y字形交叉口

Y字形交叉口为丁字形交叉口的变形衍生，在高家堡古镇内仅一处，为西大街与西南一道巷交叉口。❷

4. 拐角

拐角即两条巷道直角相交处。高家堡作为军事寨堡，具有环城巷，巷道连接之处形成拐角，如东南城巷与一道巷南连接处、西城巷与西南三道巷连接处等。

---

❶　李严，张玉坤，解丹. 明长城九边重镇防御体系与军事聚落 [M]. 北京：中国建筑工业出版社，2018：196.

❷　相虹艳. 神木地区高家堡镇传统街区及其文化的延续性研究 [D]. 西安：西安建筑科技大学，2007.

图 7-4 高家堡街巷交叉口
（a）十字形交叉口；（b）丁字形交叉口；（c）Y 字形交叉口；（d）拐角

四、街巷铺装

中华人民共和国成立之前，古镇内仅南大街为石板路面，其余街巷均为土路。1973 年和 1982 年，两次用砖铺设了南大街和东大街；1998 年，实施了东、南大街硬化工程，并补修了西大街；1999 年，对东、南、西三条大街铺设预制混凝土块；2008 年，将三条大街路面全部更换为青石板铺装，所有巷道全部用预制混凝土六角板铺设。高家堡街巷整体呈现为古朴风格。

五、主要街巷

这里所讲街巷包括传统街道和两侧建筑群共同组成的物质空间，其整体环境和空间秩序能体现某一历史时期的风貌特色和时代特征。

按时间脉络梳理，高家堡经历了从明代军事防御职能到清代商贸职能繁荣的转变，再到 20 世纪 70 年代的计划经济时代，以上种种均可从高家堡典型街巷保留的时代烙印中探寻一二。同时，在空间上，古镇街巷或曲折变化，或拾级而上，或开敞展阔，亦不失特色与灵动。

（一）防御特色鲜明的街巷

北巷

在军事寨堡防御体系空间要素中，道路地位重要，而在高家堡传统街巷中，防御特征比较突出的街巷当属北巷以及环城巷。前面描述高家堡为传统的十字街格局，然而不同于东、南、西三条大街的轴线感、大尺度空间感，中兴楼以北延伸出一条狭窄的短巷（长 106m，平均宽度 3m 左右），即北巷，平面上呈现曲折变化并且不直通城门（北向无城门，矗立三官楼一座，楼宇高耸，威震远方），这一空间形态正是基于防御方面的考虑。

环城巷

顾名思义是沿城墙修建的环状巷道，便于迅速调集兵力登上城墙作战，其防御职能显而易见，突出体现在其空间位置上，紧挨城墙内侧。

图 7-5　高家堡北巷

（二）商贸特色鲜明的街巷

商业街不仅是高家堡古镇内部的主要街巷，也是商贾往来交易的重要场所。明清至民国间，高家堡古镇主要进行盐碱、茶烟、皮毛、铜铁制具等商贸交易，据一些古庙碑刻所录，明清间有各色商事字号百余家、当铺 4 家、钱庄 1 处。同时，商业街还兼具娱乐、交流、展示等多种功能，是古镇内最具活力的空间场所。

东大街

东大街长 286m，是高家堡古镇最长的街巷；同时，东大街平均宽度 12m，最宽处达 15.6m，较为宽阔。东、西大街旧时有水渠，水流自东向西流过，可供城中居民洗涤、排污，后高家堡人民政府多次对东大街进行硬化改造，兴修了供水、排污工程，街道不再流水潺潺。与南大街类似，东大街两侧商铺亦以一层为主，不同之处在于东大街较长，沿街院落没有呈现明显的"小开间、大进深"，院落多呈方形。同时，东大街的长度也带来地形高差变化，从中兴楼到东门，街道高差将近 1m，因此靠近中兴楼的沿街建筑通过台阶抬高地坪，靠近东门的沿街建筑基本与街道处于同一地坪，从而街道空间出现升降变化，丰富了街道的趣味性。

图 7-6　高家堡东大街

南大街

南大街长 153m，连接了中兴楼与南城门，在高家堡建立之初，军事防御性占主导，公共性较弱。随着清朝时期高家堡被辟为蒙汉互市地，沿南大街设立的店铺鳞次栉比。明、清至民国初，南大街最为繁华，据清道光《神木县志》记载，当时已有楼铺15座❶。南大街两侧一般为前店后寝式院落，商住功能混合，临街店铺为四合院的临街倒座建筑，以一层为主，面阔多为三五间，双坡硬山式屋顶，抬梁式结构，建筑轮廓充满秩序感。南大街典型的店铺院落有杭家楼院、郭家大院、刘家楼院，而杭家楼院、刘家楼院的两层建筑均未沿街，因此南大街整体呈现开敞、宽阔的感觉，为熙熙攘攘的人流提供充足的行走、驻足空间。南大街相较东大街与西大街，长度较短，却最为繁华，有限的空间分配给林立的店铺，院落肌理表现为"小开间、大进深"，平均进深为 25m 左右。沿街铺面多采用木质门板，石质柜台，后（20世纪 80 年代）为便于货物搬运，将石质柜台拆除。2017 年，遵循"修旧如旧"的原则，对南大街进行改造。

❶ 陕西省神木市高家堡镇志编纂委员会编 . 高家堡镇志 [M]. 北京：方志出版社，2018：92.

图 7-7　高家堡南大街

城隍庙巷

城隍庙巷，南接东大街，北通城隍庙，由此得名。城隍庙初建时，在临东大街街口的位置立着一座高大精美的木牌坊，上题有"灵应侯"三个大字，有极为灵验之意，现已复建。城隍庙不仅是高家堡

同心下巷

同心下巷刘家楼院

北 ⟶

图 7-8　高家堡南大街立面图

图 7-9　高家堡城隍庙巷

官方祭祀庙宇的地方，亦是重要民俗活动举办地，尤其在明代，人们对城隍崇拜达到顶峰，城隍庙周边是古镇内极其重要的一处公共核心区。与陕北其他地区庙会活动大致相同，高家堡的庙会活动也是集祭祀、商贸、娱乐于一体的，一般会伴随有唱戏、杂耍等民俗活动 ❶，因此高家堡古镇戏台建于城隍庙南侧，而城隍庙巷作为城隍庙和戏台之间的联系通道，亦需承载公共活动，尺度上明显大于其他巷道。

（三）计划经济背景下的街巷

西大街

西大街相比南大街和东大街，尺度小且临街商铺鲜见。西大街是与高家堡古镇明清风貌最"格格不入"的一条街巷，除西门寺外，重要临街建筑公社大礼堂、供销社、人民银行等均修建于 20 世纪 70 年代，多为混凝土薄壳建筑，门头墙壁可见红色字样，政治色彩浓郁、时代特征鲜明。然而，如此独特的一条街巷却能够充分展示 20 世纪 70 年代陕北生活场景，因此被选作电视剧《平凡的世界》的取景地。西大街保存下来的仿西式建筑是高家堡古镇历史变迁的见证者，亦是讲述者。

（a）

图 7-10　高家堡西大街
（a）西大街透视；
（b）西大街中国人民银行

（b）

第八章　建筑特色

一、防御设施

城墙体系作为中国古代最重要、最直接有力的防御方式，关乎城市兴衰存亡，是中国古代城市防御最主要的组成部分。高家堡古城防御体系坚固，《延绥镇志》❶ 记载："本边城虽在平川，而砖城甚坚，且西门外即控大河，可稻可鱼，亦居人之利也。惟高字十二墩、二十一墩、二十二墩、三十四墩，共四墩为险，墙外俱有铲削天沟可恃，非大举出没之路。即有鼠窃狙伺零贼，不能踰墙，军夜可以外御。惟牛皮嘤川原广阔，贼可驰马，此须慎防耳。"

（一）城门

古镇建城之初，辟东、西、南 3 门，作为对外联系的主要出入口，门外有瓮城，是古镇军事防御的重要组成部分。历经数百年战争的摧残和风雨的洗礼，东、西两城门虽破损严重，但仍保留有古镇传统的元素与风貌。

西门以砖石砌筑，风貌残存损毁较为严重。门洞高约 5m，宽约 4m，深约 8m。清乾隆年间，陕西延榆绥道兵备道许宗智题写"安澜"石匾，现存放于镇政府。西城门整体分三部分建造，城门最下层使用体积较大的石头垒砌，富有庄严厚重的气息；中间层使用小体积青砖垒砌；最上层碎砖砌檐，层次鲜明。"文化大革命"期间，西门遭到了严重的破坏，生产队曾利用城门上平台建造房屋居住，现存城门两侧均建有房屋，城门传统风貌破坏较严重。

东门保存相对较为完整，内外两侧均使用石头砌筑。门洞高约 5m，宽约 4m，深约 8m。据《高家堡镇志》记载，门头上原镶嵌有"耸观"字样的石匾，现石匾字迹已模糊不辨。东门门洞是古镇现状保存最完整的门洞，门洞使用条石镶边，洞内条石风化较为严重。"文化大革命"时期，东门遭到了严重的破坏，门外瓮城几乎被拆除，外城

---

❶ ［明］郑汝璧等纂修，陕西省榆林市地方志办公室整理. 延绥镇志 [M]. 上海：上海古籍出版社，2011.

图 8-1　西门内侧

图 8-2　西门外侧

图 8-3　东门外侧

图 8-4　东门内侧

门曾一度被改造为窑洞成为复员军人的住所。❶ 现状东门上尚可见约 1.5m 高的建筑残存。

南门是古镇历史上最重要的出入口，为婚丧嫁娶礼仪的必经之门。1974 年，高家堡镇供销社在南门外修建新门店 ❷，古镇南门被彻底拆除。2012 年，神木县文化局组织实施南门复建工程。复建后的南门基本还原了明朝时期的格局风貌，包括南门及门外瓮城。

❶　陕西省神木市高家堡镇志编纂委员会 . 高家堡镇志 [M]. 北京：方志出版社，2018：86-87.

❷　陕西省神木市高家堡镇志编纂委员会 . 高家堡镇志 [M]. 北京：方志出版社，2018：86-87.

图 8-5　南门外

图 8-6　南门"永兴门"

图 8-7　南门石匾

图 8-8　南门城内瓮城

南门整体由城墙和城楼两部分组成，城墙高约 15m，下半层使用土黄色石块垒砌，上半层使用青砖镶砌，整体风貌较为古朴。

城楼建筑采用重檐歇山双面大坡屋顶，屋脊上有龙、狮子等脊兽，屋檐下斗栱、屋梁等均采用彩色描绘，建筑整体气势雄浑，彰显了古镇南门的重要地位。建筑色彩整体以灰色和朱红色为主，建筑屋顶使用灰色瓦片铺砌，门窗均采用朱红色木质门窗，并雕刻有简单的花纹。

南门有外门洞和内门洞两层，其中外门洞高约 5m，宽约 3.5m，内门洞高约 5m，宽约 4m，整体厚约 6m。外门口放有石座两个，门头上悬挂有"永兴"石匾，"永兴"二字为南门复建后中国古建筑学家罗哲文重新题写。现状南门仍为古镇最重要的出入口，游客出入皆走此门。

（二）古城墙

古镇城墙建成之初，为夯土筑墙，明中期经砖石包砌加固。《康熙延绥镇志》❶ 载：

守障设险，全籍城池。边政八事，城工是亟。本镇边长兵寡，无地不当敌冲，延东一带尤为要害。东路十城堡皆土筑，低薄不堪保障，非直冲突可虞，且恐钩援莫御，何以据险悍敌。议用砖石抱砌，诚为一劳永逸之计。

该道原议工费六千一百三十八两五钱，可了十堡包砖之费。今议先包黄甫川、镇羌、柏林、清水、高家堡五堡，约用班价三千两，拟可动给，如或不数，另议买备。各堡工程，先黄甫川、镇羌、柏林三堡，自万历三十五年三月兴工，限当年报完。次清水营、高家堡，自三十六年春和兴工，亦限本年通完。其建安、大柏油、永兴、孤山、木瓜园五堡城垣，俟前项城工完日，次第兴修包砌。庶冲边重地，可恃无恐，而军民保障永有利赖矣。

---

❶ ［清］谭吉璁纂修，陕西省榆林市地方志办公室整理．康熙延绥镇志 [M]．上海：上海古籍出版社，2012.

城墙建成初始，东西各长约 510m，南北各长约 270m，总周长约 1560m，形制规整，高厚坚固，易守难攻。经过战争的摧残和数百年风雨的冲刷，原有城墙损毁严重，现存城墙主要位于古城东、北两侧，西、南两侧城墙破坏较为严重。城墙建成之初，墙体高约 10m，基宽 7~10m，女儿墙高约 1m。现存城墙残高 6.5~9.1m，残宽 4~6.8m，顶残宽 1~4m，夯层厚 8~18cm，夯土包含砖块、石片、料礓石、炭粒等，部分墙段内分层夹垫石片。墙外下部包石保存 16~19 层，厚 1.15m。条石长 63~84cm，宽 40cm，厚 26cm，一丁一顺砌法。墙体上部包砖，残高 0.5~3m。墙内不包砖。墙体顶部海墁为灰渣防水层，厚 20~30cm。四座角楼仅存砖包夯土台，均破坏严重。城墙间有马面，四面墩台尤为突出，故民间有"城小拐角大"之说。

建设之初，古城内带有瓮城的城门上建造有箭楼，北城耸立三官楼，城墙东南角构筑魁星楼。城墙内侧辟留人马通道，战时可往来驰援。❶

明正统四年（1439 年），高家堡只是一座夯土筑成的军堡。明成化九年（1473 年），在延绥巡抚余子俊修筑"大边""二边"长城之际，高家堡古城墙得以维修。成化十一年（1475 年）时，高家堡古城墙周长不足千米。明万历三十六年（1608 年），延绥巡抚涂宗濬申请用砖包砌了城墙，自此，古城城墙得以完善与加固。万历三十九年（1611 年），高家堡外城得到了维修，乾隆十五年（1750 年），高家堡古城墙经历了清朝时期的第一次修缮，乾隆三十三年（1768 年），古城墙再次经历维修，维修过后的古城墙面貌焕然一新。

历经多次维修，现状古镇保留下来的城墙遗迹东、西、南、北四面均有分布。其中，南北两面城墙大部分经过了维修与复建，整体风貌保存较好，南侧未修复的城墙遗迹破损较为严重。东西两侧城墙均为明代时期的城墙遗迹，历经几百年风雨的冲刷，遗留下来

---

❶ 陕西省神木市高家堡镇志编纂委员会 . 高家堡镇志 [M]. 北京：方志出版社，2018：85.

(a)　　　　　　　　　　　　　　　　　　　(b)

(c)　　　　　　　　　　　　　　　　　　　(d)

图 8-9　城墙
(a）北城墙；(b）西城墙遗迹；
(c）南城墙遗迹；(d）东城墙遗迹

的城墙遗迹破损严重，遗迹分布呈点式分散，无法成段。

纵观古镇城墙的保存与修复，自城墙建成起始至今，虽历经多次维修，但仍然无法抵御时间的洗礼，现在我们只能通过复建的城墙和寥寥无几的城墙遗迹去想象古镇当年的雄伟壮观与古人建造技艺的精湛。

（三）城堤

城堤是城墙与护堤之间形成的城壕，俗称"小城儿"，位于北城墙外侧约 50m 处，是防洪护堤兼作保卫城池的军事防御设施。城堤堤墙用块石、片石垒砌，原长近 480m，底座 3m，顶宽 1.7m。乾隆三十三年（1768 年）对城堤专门进行了修缮，支出工料银 33847.256 两。现状城堤破损严重，城堤残高 0.7~2.2m，宽约 1m，砖石砌筑 7 层，最底层条石铺砌整齐，上压筑城灰渣。

二、公共建筑

1. 中兴楼

中兴楼，古称钟楼，位于高家堡古镇中心，略偏西北，骑街分野，处在古镇东西南北轴线上，楼高 16m，分上、中、下三层。底层为基台，在东、西、南、北四面各有门洞一处，通往东、西、南三条大街和北巷。基台四面镶嵌有石刻匾额，南侧题刻有"镇中央"，东侧题刻有"中兴楼"，北侧题刻有"半接天"，西侧题刻有"幽陵瞻"；中间层主要布局佛教、道教等祭祀场所，其中西侧布局观音殿，中间供有日、月二神，东侧布局关公殿；阁楼最上面一层为玉皇阁，供奉玉皇大帝。中华人民共和国成立后中兴楼历经两次修缮，现状阁楼传统风貌保护较好，是古镇现状保留最完整的明清时期的传统建筑，也是古镇内最高的建筑。

相传，中兴楼始建于明万历四十八年（1620 年），建设初期作为古镇钟鼓楼使用。随着历史的变迁，中兴楼逐渐融入了宗教祭祀功能。清乾隆年间，中兴楼经历了一次大的整修，直至清道光十二年（1832 年），才因破损严重，进行了重建。重建之后的中兴楼建筑整体与原始建筑保持一致。1999 年，高家堡镇人民政府筹资对重建之后的中兴楼进行了修缮。2017 年，由神木市文化旅游产业投资集团有限公司负责，中兴楼再次进行了修缮。

中兴楼整体由基台和楼阁建筑两部分组成。基台为 13.2m×13.5m 的方形窑式砖石砌台座，台上建筑包括中间主体建筑和东西配殿——关公殿与观音殿，楼阁总高 16m。

图 8-10　中兴楼

主体楼阁居中布于基台之上，为十字重檐歇山顶式建筑，楼顶坡度低缓，出檐较短，楼阁梁柱结构采用斗栱过渡连接，斗栱用材小，假昂，一昂四铺作，昂头势起，猪嘴显，转角部做，柱头无卷杀、无生起，斗栱占柱身1/5。主体楼阁为两层砖木式结构，面阔三间，最上层为玉皇阁，供有玉皇大帝神像，玉皇阁东西两侧刻有壁画，分别为金龙与金凤凰，金凤凰羽毛根根分明，金龙鳞片栩栩如生，整个壁画看起来惟妙惟肖，雕刻技艺精湛。楼阁中间层为日月洞，供奉日、月二神，门口放有石碑，刻有中兴楼自建造以来发生的变迁及故事，其中"镇巧山河状，横锁长城三千里；楼高天地宽，贯通历史九万旋"，"铮铮钟楼，黝黝黑面，容天地光华，去脂粉浮夸，有冲霄骨气，无俯

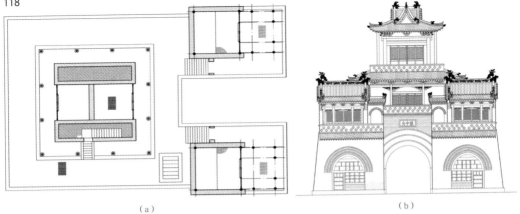

图 8-11 中兴楼测绘图
（资料来源：高家堡镇人民政府）
（a）平面测绘；（b）南立面测绘

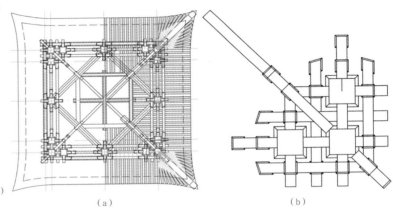

图 8-12 中兴楼细节测绘
（资料来源：高家堡镇人民政府）
（a）楼顶底面；（b）屋檐斗栱

（a）

（b）

首奴意"等均显示了中兴楼的重要性及其在古镇居民心中的神圣地位。日月洞檐下吊有清代乾隆五十三年（1788年）大铁钟一口，历经几百年风雨的侵蚀，铁钟依旧保存完好。

二层平台上建有硬山式带前廊阁楼两间，东西对称布局，分别供有关帝像和观音像，又称关公殿、观音殿。平台北侧东西长13.7m，南侧东西长15.1m，南北两侧长20.75m。

据《高家堡镇志》记载，自中兴楼始建以来，曾历经一次重建，三次维修改善，现存楼阁建筑结构牢固，建筑风貌保护较好。

建造之初，中兴楼殿宇均为纯色，并无彩色描绘。"文化大革命"期间，中兴楼全部被拆，而后进行了原址复建。《中兴楼记》写到："妖风破'四旧'之物付一炬，'革面'钟楼不'洗心'，悬古董老钟，报时刻新声，传神妙韵，醒世福音，今大风骀荡，人心酣畅，急功近义者舍清闲而就繁巨，乐善好施者竭精诚而疏资财，仁德继踵，锱铢集腋。乃重修中兴楼，彩塑殿宇，恢复旧制，覆瓦琉璃，壮蔚新观。"由此可见，复建之后的中兴楼"革面不革新"，完全继承了中兴楼原有的地位与价值。

2. 三官楼

三官楼位于高家堡古镇北侧，北巷北侧入口处，建成之初为建在一方墩之上的二层重檐歇山顶三官殿，殿内供奉道教天、地、水三官。解放战争时期，高家堡众多建筑都遭到了不同程度的损坏，三官楼也遭到了严重的破坏，祭祀天、地、水三官的殿宇遭到了拆除，仅残存台窑。中华人民共和国成立之后，台窑曾是敲钟人长期居住的场所。

现状三官楼残存二层方台，一层台高约 5m，长、宽各约 8m，青砖垒砌，南侧中间偏东有一拱形门洞，是通往二层的唯一入口，门洞上石额刻有"映北辰"三个大字。二层高约 3m，长、宽各约 4m，南侧开设一门，是陕北窑洞常见的拱形门，木质雕花设计，整体呈朱红色。方台东侧有一拱形门洞，由此可通往二层方台顶部。

图 8-13　三官楼

三、民居建筑

（一）概述

作为榆林"三十七营堡"之一的高家堡古镇，经历了几百年的发展变迁，形成了独特的民居院落。民居作为高家堡最主要的建筑类型，数量最多，并结合当地的环境、气候、生活习惯和民俗，融合京式、晋式、窑洞等民居建筑优点，风韵雅致、风格独特。

古镇内现存民居院落 265 处，保存较好的 30 多处，以明清建筑和民国建筑为主。根据房屋脊檩下的题字可知，明末清初为建设的小高潮，因商贸发达而兴；20 世纪 70 年代前后，部分沿街民居被改造为供销社、粮站；改革开放以来，主要集中在 20 世纪 80 年代前后，村民在拆除原有建筑的基础上，大量建造新房。

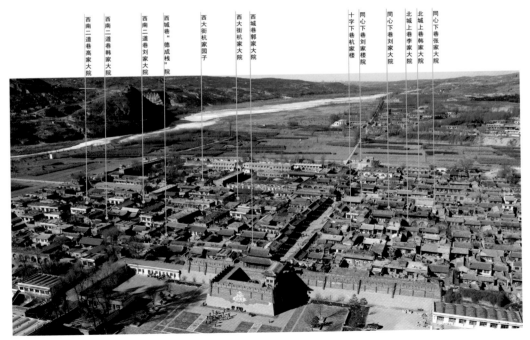

西南二道巷高家大院　西南二道巷韩家大院　西南二道巷刘家大院　西城巷"德成栈"院　西大街杭家园子　西大街杭家大院　西城巷郭家大院　十字下巷杭家楼　同心下巷刘家楼院　同心下巷刘家大院　北城上巷韩家大院　北城上巷李家大院　同心下巷张家大院

图 8-14　高家堡民居鸟瞰图（摄影：大雄）

（二）建筑年代及分布

　　高家堡自明朝正式修建城墙，其建设用地范围就已经基本确定，民居朝向基本为坐北朝南，古镇内现存民居从空间上被三街（东大街、西大街、南大街）一巷（北巷）分为四部分，东北和西北片区民居院落稀疏，现存传统院落较少。西南和东南片区分布院落较多，以明清起家的村内商贾大户刘家、杭家、李家的宅院为主，主要分布在西南二道巷、同心巷、十字巷等。

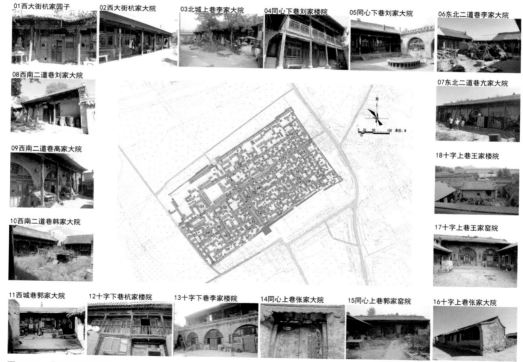

图8-15　典型民居分布图

121

高家堡典型民居基本情况一览表 表 8-1

院落名称	建设年代	院落形式	建筑结构	院落规模	屋顶形式	建筑层数	代表人物
西大街杭家院子	明清	四合院	砖木	一进	硬山式	一层	杭逢源
西大街杭家大院	清朝	前店后宅式	砖木	一进	硬山式	二层	—
同心下巷刘家楼院	民初	楼院	石窑／砖木	二进	硬山式	一层	刘瑞庭
同心下巷刘家大院	民初	四合院	砖木	一进	硬山式	二层	刘瑞庭
同心下巷张家大院	民国	四合院	砖木	一进	硬山式	一层	张子英
东北二道巷李家大院	清末	四合院	砖木	一进	硬山式	一层	—
东北二道巷亢家大院	民国	四合院	石窑／砖木	一进	硬山式	一层	亢万礼
西南二道巷刘家大院	明清	四合院	砖木	一进	硬山式	一层	刘文蔚
西南二道巷高家大院	明清	窑院	石窑／砖木	一进	硬山式	一层	
西南二道巷韩家大院	清末	多进院	砖木	三进	硬山式	一层	韩士恭
西城巷郭家大院	明清	前店后宅式	砖木	一进	硬山式	一层	
十字下巷杭家楼院	明清	楼院	石窑／砖木	一进	硬山式	二层	
十字下巷李家楼院	明清	楼院	石窑／砖木	一进	硬山式	二层	
十字上巷张家大院	清末	四合院	砖木	一进	硬山式	一层	
十字上巷王家窑院	民国	窑院	石窑／砖木	一进	硬山式	一层	
十字上巷王家楼院	民国	楼院	砖木	一进	硬山式	一层	
同心上巷郭家窑院	民国	窑院	石窑／砖木	一进	硬山式	一层	
北城上巷李家大院	清末	四合院	砖木	一进	硬山式	一层	李如渊

（三）空间构成

1. 院落形制

受榆林地区气候条件、军事文化、商贸文化的影响，高家堡古民居建筑形制整体表现出以下特征：组群布局以传统四合院落为主，院落组合多为跨院，进院少，单体建筑以楼院、窑院和前店后宅为主，商贸性强且极具陕北地域性特色。

（1）传统四合院

高家堡的院落由正房、厢房、倒座、耳房四部分组成。单个院落按空间组织形式多为四合院格局，院落临街开门，大门稍偏，以离（南）、巽（东南）、震（东）为三吉方位，其中以巽为最佳。院落建设十分注重风水的屏蔽，门槛高耸，迎门设有照壁或者在正对的厢房山

平面形制	布局构成	代表院落	院落首层平面	院落鸟瞰图
传统四合院		东北二道巷亢家大院		
楼院		十字下巷李家楼院		
窑院		西南二道巷高家大院		
前店后宅院		西城巷郭家大院		
组合院落		西南二道巷韩家大院		

墙上设小盒，以阻止煞气入宅。院落敞阔方正，有明显北方民居特点，正房南向纳光充足，面阔 3~5 间，木构架。厢房的等级次于正房，以锢窑形制为主。

（2）楼院

高家堡的楼院是指上楼下窑或者上楼下房的宅院，是传统四合院落的衍生形式，受到高家堡商贸文化和气候条件的影响。这种院落多出现于地窄人多的地方，往往是家境殷实的院落人家。

（3）窑院

受到气候条件、经济水平的影响，高家堡的窑院多以锢窑形制为主。与传统砖窑不一样，居民就地取材，利用石券或土坯券建设窑洞，并在结构上形成出檐式和不出檐式两种形制，特色鲜明。

（4）前店后宅

由于商贸发达，部分居民沿主要街道将院落一侧房屋设立为商铺，出售生活用品、生产用具等各类商贸商品，是传统四合院的演变形式，主要分布在南大街、东大街和西大街。

（5）组合院落

高家堡现存部分组合院落，主要包括跨院和多进院。多进院以西南二道巷韩家大院为代表，其他院落以跨院为主。跨院多为两个窄院横向分布，多因家庭结构复杂而需要建设较大规模窄院。这种多组跨院联合的方式造成古镇内民居建筑多跨院而少进院。

2.庭院空间

四合院内空间变化丰富，设计建造注重礼仪及小空间的充分利用，庭院空间分为"工字型"和"T字型"。

"工字型"为保存较为完好传统院落的空间肌理，院落虚空间和实体空间的肌理都比较规整。

"T字型"院落大致肌理犹存，但有很多后期加建的建筑破坏了原有的纯粹。

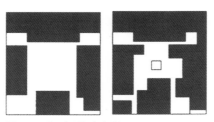

图 8-16 "工字型"庭院空间

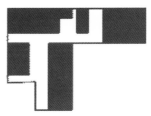

图 8-17 "T字型"庭院空间

图 8-18 西南二道巷刘家大院大门　　　　图 8-19 同心下巷刘家大院大门

图 8-20 东南二道巷刘家大院二门入口　　图 8-21 西城巷高家大院二门入口

3．入口空间

（1）大门

大门多为广亮式，面阔一间式结构，屋顶为硬山式，房顶屋脊饰有飞檐走兽等砖雕，部分门楼为垂花门。

（2）入口

大门多设在院落侧旁，大户人家有大门、二门设置。大门的方向一般与街巷平行，也有一部分民居大门与街巷呈直角设置。

（四）营造技术

1．选材

高家堡民居建筑主要由砖木和锢窑两种形式组成，木架构、砖墙、石墙最为常见。民居选用的材料分为木材、砖瓦、石材。选材的多样性与高家堡镇的经济条件和地理位置关系密切。

图 8-22 民居选材示意图

2. 结构

高家堡居住建筑形制变化较多，其承重结构大体分为梁架支撑式的木架构及锢窑的拱承重两种。

木结构采用梁柱直接交搭的方式，大量使用砖砌的围护结构，砖木结构建筑面阔三至五间，多为硬山式屋顶，表现出明显的明清民居特点和风格。

锢窑是窑洞式民居的一种形式，即仿窑洞形式，在平地上起拱发券造的房屋，可以利用土坯券或砖石券，形成厚实的墙体与拱顶承托房屋重量。

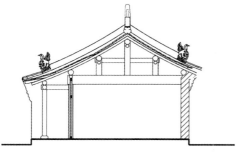

图 8-23 东南二道巷韩家大院正房剖面图
（高家堡镇人民政府提供）

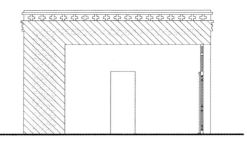

图 8-24 同心下巷刘家大院东厢房剖面图
（高家堡镇人民政府提供）

图 8-25　西城巷高家大院正房屋顶结构　　　图 8-26　呼家窑院正房屋顶结构

（五）立面特色

单体院落以正房装饰为重点。正房特色一般为坐北朝南，仰瓦屋面，多以精致的木质门窗隔扇为立面装饰。有的院落正房设檐廊，则其檐柱间的花板、雀替、木雕以及檐柱、柱础以及石雕为立面装饰要点。

出檐式窑洞正房为窑洞的穿廊抱厦，窑前有穿廊和厦檐。不出檐式窑洞为平屋顶箍窑。建筑结构为夯土结构，墙体为青砖、红砂石混合砌筑，窑洞后期增建灶台。

（六）院落构件

1. 围墙

高家堡的院墙大多用于划分空间，故院墙都较为简易，一般用石材或砖砌筑，也有两种材质的混合砌筑。

2. 宅门及照壁

高家堡古镇中的民居院落大门大多是位于院落的一角，但随着院落格局和建筑的更替变化，有些院落的大门位置也变得随意，并不一定位于院落的角落，而是与该院落周边的巷道和建筑位置有关。高家堡民居院落大门的形式可以分为三种：一种是像"房"一样的大门，梁架结构，单檐硬山顶，面阔一间，进深一间，多出现在格局和建筑保存较完整的院落中；第二种是像"窑"一样的大门，用砖石材料砌筑，有的也会有檐口，防止大门墙面被雨水冲刷；第三种是近些年新

图 8-27　同心下巷刘家大院正房立面（高家堡镇人民政府提供）

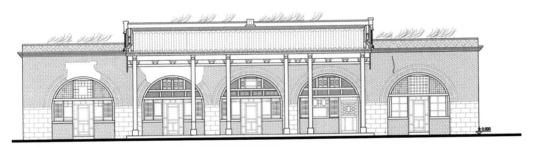

图 8-28　西南二道巷高家大院正房立面（高家堡镇人民政府提供）

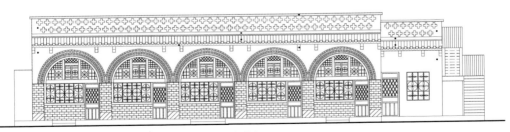

图 8-29　北城上巷刘家大院正房剖面（高家堡镇人民政府提供）

图 8-30　石材墙体

图 8-31　砖砌筑墙体

图 8-32　十字上巷王家窑院

图 8-33　同心下巷张家大院影壁

建的大门，形式简单，平顶，用砖和水泥等材料建造的居多，也有的用瓷砖贴面。像"窑"一样的大门相比像"房"一样的大门更加便宜，制作工艺也更加简单。后来随时代发展，新建的大门常用混凝土板搭建，这是由结构形式决定的，也符合人们对于"现代"的审美。

在高家堡保存较好的四合院中，宅门大多都是做工精致的，多属于上述像"房"一样的大门。大门是全宅的出入口，规模与形式预示着院内建筑的规模及主人的身份和地位，同时限定了住宅和外界的空间界限，财源喜气可以从大门进来，灾祸也可以进来。大门有界定和内外联系的双重作用，它是空间序列的开端，通过宅门的暗示给外来者以心理准备。除此之外，门口休息、停留观望也是入口的功能之一。

进入宅门，是一个尺度较小的前庭，正对着大门的是一面影壁，有的是位于大门正对建筑的山墙上，称为"座山影壁"，有的是脱离建筑单做一面影壁，称为"独立影壁"。据说高家堡古镇曾经有许多雕刻精美的影壁，但由于"文化大革命"期间的破坏和保存不当，如今精致的影壁已寥寥无几，现存的有些是简单的砖雕，更多的是简易的神龛，或用白瓷砖做成的装饰作为影壁。

3. 房屋门窗

高家堡的房屋门窗可以分为以下几种类型：①木构架建筑中的传统木隔扇门窗；②传统窑洞门窗；③经过翻修或更换的木隔扇门窗；④经过翻修或更换的窑洞门窗；⑤新建建筑的门窗。具体为传统木构架建筑的窗台以下为砖墙，以上为木雕窗扇，其门为两层，内侧设木隔扇，外面再装一木门罩，夏天用来挂帘子，冬季可另加外罩门防风寒。

而窑洞建筑最考究的装修部位便是门窗。高家堡窑洞中常见的情况是门在居中或一侧设置，与窗连在一起，窗格的图案也各有不同。

在高家堡古镇中，也有很多建筑的木隔扇门窗被住户翻修，例如重新刷漆、加玻璃心屉等，也有很多因破损严重直接更换为现代材料的门窗。原来常见的用纸糊窗的做法早已被更加方便和保暖的玻璃所取代。

传统门窗的样式多为木隔扇门窗，其形式多运用细小的格栅，并在格栅内侧贴一层窗纸，窗纸易破且透光性较弱。而现代更换的门窗用木材的几率变小，多用铝合金等现代材料，将窗纸更换为玻璃，也将细小的格栅改成格子较大的图案，这是为了使玻璃加工更简便。总的来说，新更换的门窗更注重功能性、实用性和性价比。

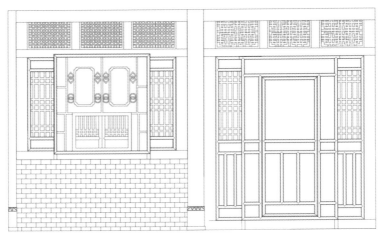

图 8-34　同心下巷刘家大院门窗（高家堡镇人民政府提供）

（七）建造思想

1. 天人合一

高家堡古镇的选址位于秃尾河与永利河交汇之处，水源充足、交通方便，强调人与自然和谐相处，体现了"天人合一"的中国传统哲学思想，古镇民居的建造也蕴含融入这一理念，其建造讲究与周边城墙相融合，而且就地取材，出现了窑院上建设砖木结构建筑的形式。

2. 负阴抱阳

"负阴抱阳"是我国古代房屋修建"风水"思想之一。高家堡古镇受军事理念的影响，其建筑选址受到较大的限制，民居南北轴线与古镇北偏向西的角度保持一致，绝大部分居民住宅实现了坐北朝南的建筑格局，高家堡基本形成了朝向统一的民居群落。

（八）典型院落

1. 西大街杭家院子

（1）历史背景

杭家院子位于西大街，原为阜益仓，镇志记载："明置。成化中，宋祥充任仓官，军用粮秣，悉仰供给，时为延绥镇十一仓场之一。清康熙朝废治。乾隆间堪用仓廒十八座五十三间，遣任'仓大使'监管。

图 8-35 杭家院子区位图

选址在西街'仓房园则'处，地近数十亩。"高家堡此时有四大家族，分别是杭、韩、彭、宋（韩士恭、宋有元等四人为高家堡最富有的四户）。杭家在古镇内拥有多处房产，阜益仓后来成为杭家的私人仓库。中华人民共和国成立前杭家院子倒座和西厢房遭到破坏，中华人民共和国成立后杭家院子分给各户。

（2）院落布局

杭家院子为高家堡保存较为完整的

图 8-36　杭家院子

图 8-37　杭家院子大门及照壁

图 8-38　杭家大院区位图

四合院，占地面积 1348m²。大门位于西大街北侧，院内建筑有正房、东厢房、西厢房、倒座。院落中央搭建储物建筑，堆放杂物，并在院内开辟菜地。院落地面为青砖、青石板铺地，部分地面为夯土地面。

（3）主要建筑

院中正房为木构架建筑，正房部分为居民修缮居住外，其余破损严重已废弃，东厢房、西厢房、倒座重建为砖混结构建筑。

院落大门正对即为照壁，照壁形成了空间有序转换的入口节点，使得道路不直穿正门，显示了院落主人的不同凡民之处。壁顶为硬山，材料为传统民居中常见的砖瓦，壁身没有多余的装饰，色彩也很淡雅，用清一色的灰砖瓦，从而与主体建筑的色彩相融合，大门、照壁保存较好。

2. 西大街杭家大院

（1）历史背景

杭家大院位于西大街，院落归杭氏所有。院中正房于 1943 年建成，两侧房屋均为 1980 年左右建成，占地954m²。

杭家大院在电视剧《平凡的世界》中作为原西县水利局的取景地，现为中国作家协会会员、陕西省作协签约作家、陕西省于右任书法家学会会员、

图 8-39 杭家大院鸟瞰图

图 8-40 杭家大院一层平面 图 8-41 杭家大院屋顶平面图
图（高家堡镇人民政府提供）

图 8-42 杭家大院大门

图 8-43 杭家大院正房

西安市百名骨干艺术家、西安市碑林区作协副主席萧迹的工作室。

（2）院落布局

杭家大院是高家堡古镇中典型的一进式四合院，正房坐北朝南，院落整体呈矩形，东西长约32m，南北长约25m。院落主要的建筑有正房、东厢房、西厢房及西南角新建的厕所，整体保存较好。院落空间除有少量的青砖地面外，大部分为夯土地面，院中大面积种植蔬菜。

（3）主要建筑

正房坐落于院落北侧，院落大门的东边，坐北朝南，为硬山抬梁式木构建筑。面阔五间，进深两间。正房东侧保留有一耳房，二者保存状况均良好。

3．同心下巷刘家楼院

（1）历史背景

刘家楼院靠近中兴楼，坐北向南，青砖砌筑的外墙围绕，大门内外有砖雕影壁，二门内外门额分别刻有"居处恭""安且居"。楼院外经商，内住宅，藏风聚气，文化气息浓郁，地方特色鲜明。

（2）院落布局

刘家楼院为一进横向并联式四合院，占地面积 445m²，保留老建筑 247m²。整体呈长方形，布局为坐北向南，院内有正房、东厢房及西厢房。

（3）主要建筑

正房位于院落正北，坐北朝南，面阔五间，进深一间，单坡硬山屋面，上下两层结构，窗棂细格，木雕精美，古色古香。二楼楼阁大梁柱上可以看到光绪年间楼院落成时帖子上的清晰字样："大清光绪十四年夷则院十八日吉时建。"

图 8-44　刘家楼院区位图

图 8-45　刘家楼院

图 8-46　刘家楼院正房

图 8-47　刘家楼院东厢房

图 8-48　刘家楼院西大门

东厢房位于院落东侧，坐东朝西，面阔四间，进深一间，单檐硬山顶，梁架结构为通五架梁，平时可住人、存储和摆放物什。

西厢房坐落于院落西侧，坐西朝东，面阔六间，进深一间，单檐硬山顶。同三架梁用两柱。

院门是砖木结合的明清建筑风格，小青瓦屋面，院落中庭内宁静清爽。

4. 同心下巷刘家大院

（1）历史背景

刘家大院位于同心下巷，是高家堡古镇中典型的一进式四合院。

（2）院落布局

刘家大院坐北朝南，总占地面积为 537.97m²，院落大门位于西南角，另有二门，内有正房、东西厢房、倒座房及西跨院内的西厢房。院中有一砖砌花坛，地面青砖铺就。

（3）主要建筑

正房位于院落正北，坐北朝南，面阔七间，进深两间，建筑面积119.5m²，单檐硬山屋面。梁架木构件保存较好，廊柱柱脚开裂数道。筒瓦屋面，瓦件保存较好，吻兽上部缺失。墙体青砖砌筑，局部墙面经后人重新改造后，墙体为水泥砂浆抹面。台明青砖磨损严重，部分砖块碎裂，脚跺石风化，棱角磨损，表面凹凸不平。室内地面原制地面铺装

图 8-49　刘家大院区位图

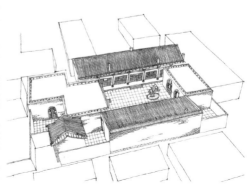

图 8-50　刘家大院鸟瞰图

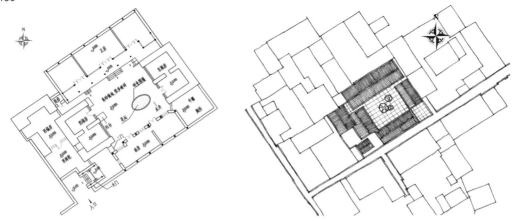

图 8-51　刘家大院一层平面图（高家堡镇人民政府提供）　图 8-52　刘家大院屋顶平面图

不存，现为后人新铺面砖地面。部分门窗为后人更换，原制门窗外罩门由住户重新刷蓝色油漆，部分外罩门缺失，窗户部分棂条缺失。

东厢房位于院落东侧，坐东朝西，面阔两间，进深一间，建筑面积 51m²，平屋顶箍窑。

建筑结构为夯土结构，保存较好。墙体为青砖、红砂石混合砌筑，墙体局部有裂缝，室内地面原制地砖不存，地面凹凸不平，杂物堆积。屋面局部漏雨，杂草丛生。门窗均为两层格扇门窗，槛窗扭曲变形，部分木构件缺失。

西厢房位于院落西侧，坐西朝东，面阔两间，进深一间，建筑面积 51.3m²，平屋顶箍窑。建筑结构为夯土结构，墙体为青砖、红砂石混合砌筑，窑洞前后期增建灶台。

倒座房位于院落南侧，坐南朝北，与正房相对，平面呈不规则矩形，建筑面积 52.3m²，单坡硬山屋面。墙体大多为青砖砌筑，部分墙面为水泥砂浆抹面，部分为后来用红机砖加砌墙体。青瓦屋面，屋面局部变形漏雨，杂草丛生，槛窗窗扇缺失，部分木构件缺失，格栅门扭曲变形。

图 8-53　刘家大院正房

图 8-54　刘家大院东厢房

图 8-55　刘家大院西厢房

图 8-56　刘家大院倒座

5. 同心下巷张家大院

（1）历史背景

张家大院又名胜利院，是清末民初革命军人张子英的故居，坐落在高家堡同心下巷中部北侧，与刘家大院相邻。

张杰，字子英，陕西澄城人。早年参加辛亥革命，后任国民党第二十二军补充一团团长。1938 年 3 月，张子英在府谷县城率部与强渡黄河的日军激战，取得府谷保卫战的胜利。此后任尹东游击纵队代理司令，在内蒙古东胜等地浴血奋战。抗战胜利后，任陕北警备司令部少将副司令，其在常驻高家堡期间投资商号，办碱厂，积累较多财富。解放高家堡时，张子英负隅顽抗，最终被俘。1988 年 5 月，中共陕西省委统战部批复同意张子英的政治身份为爱国人士。

（2）院落布局

张家大院整体朝西南方，东西长 26m，南北宽 24m，占地面积 613m^2，保留老建筑 184m^2，为两进四合院。雕花大门，内有"福"字、"鹿"字形式砖雕影壁。

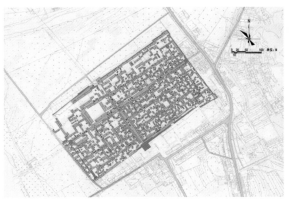

图 8-57　张家大院区位图　　　　　　　　　　图 8-58　张家大院大门　　　　图 8-59　张家大院照壁

6．东北二道巷李家大院

（1）历史背景

李家大院位于东北二道巷，是典型的一进式四合院。如今院落中多处堆砌碎石砖块，中央搭建储物棚子，四周堆放煤块并开辟土壤种菜。院落原为石材铺地，如今大部分已经损毁。

（2）院落布局

李家大院始建于明清时期，坐北朝南，呈长方形，大门位于院落西侧，西厢房南侧，院落总占地面积为 726m²。院落有正房、东西厢房、倒座房等主要建筑。

（3）主要建筑

正房坐北朝南，硬山式抬梁建筑。东、西各带一耳房。正房面阔 5 间，高 5.59m，通面阔 14.3m，通进深 6.4m。耳房通面阔 2 间，高 3.93m，进深 3.76m，通面阔 6.6m，建筑面积 117m²。如今西耳房垮塌，只余东耳房。正房主体结构保存完好，仰瓦屋面，瓦件残破约 30%，屋面局部长杂草并且凹凸不平。吻兽缺失，山墙开裂，墀头青砖硝碱。地面原制不存，现状为住户后期改造的水泥砂浆地面，局部有残破；台明为红砂石铺地，部分松动。建筑门窗保留原制，局部有变形。

西厢房为单檐硬山屋面，抬梁式建筑，面阔三间，进深一间。通

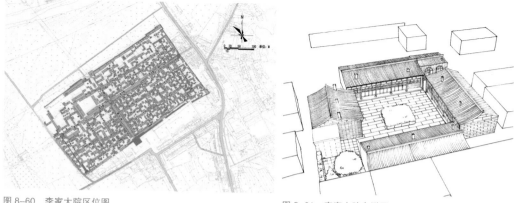

图 8-60　李家大院区位图　　　　　　　　　　　　　　　　图 8-61　李家大院鸟瞰图

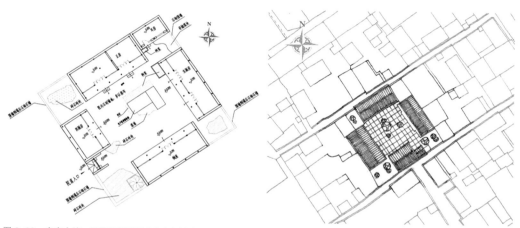

图 8-62　李家大院一层及院落平面（高家堡镇人民政府提供）　图 8-63　李家大院屋顶平面

面阔 8.44m，进深 5.5m，建筑面积 49.4m²。建筑主体结构完好，屋面杂草丛生，瓦件残损约 30%，正吻缺失，滴水部分缺失。槛墙由住户改为水泥抹面材质，局部门窗更换。地面原制不存，现状为水泥抹面。

东厢房坐东朝西，为硬山式抬梁建筑。面阔五间，进深一间。通面阔 13.76m，进深 5.35m，建筑面积 73.6m²。屋面整体结构犹在，北侧屋面部分塌陷，房屋废弃。屋面杂草丛生，正吻缺失。室内外原制地面由住户后期改为水泥抹面。门扇局部破损。

图 8-64 李家大院正房

图 8-65 李家大院西厢房

图 8-66 李家大院东厢房

图 8-67 李家大院倒座

倒座房坐南朝北，与正房相对，为硬山式抬梁建筑。面阔五间，进深一间。通面阔 14.1m，进深 5.05m，建筑面积 75.1m^2。屋面局部破损，部分滴水缺失，正吻缺失。最西侧房屋废弃空置。

7．东北二道巷亢家大院

（1）历史背景

亢家大院位于东街二道巷口，中华人民共和国成立前为富商亢万礼住宅，1947 年 8 月，高家堡解放当月，新成立的中共神木县委即驻扎在此院，同年 11 月，神本县城解放，神本县委机关迁至神木县城。此后又为区公署、神府县委和高家堡粮站等机关单位所用。20 世纪 70 年代中期，粮站迁址而变为民居。

（2）院落布局

亢家大院是砖石窑洞与砖木平房结合的四合院，占地面积 830m^2，保留老建筑 390m^2。院落东面为五孔带穿廊石窑，其余三面为硬山式

图 8-68　亢家大院区位图

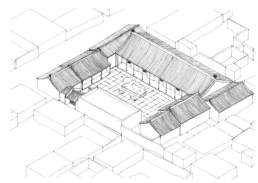

图 8-69　亢家大院鸟瞰图

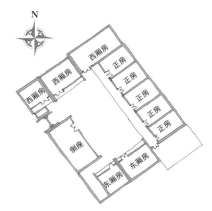

图 8-70　亢家大院一层平面（高家堡镇人民政府提供）

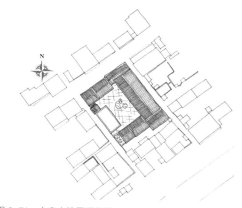

图 8-71　亢家大院屋顶平面

图 8-72　亢家大院正房

抬梁建筑，中央有一个写有"福"字的影壁。如今院落中多处堆砌碎石砖块，后面搭建了一个放东西的小棚子，在其周边堆放一些东西。院落原为石材铺地，如今大部分已经损毁。

（3）主要建筑

亢家大院正房位于院落的东面，为五孔带穿廊石窑，建筑层数为一层，屋顶为硬山式。

8．西南二道巷刘家大院

（1）历史背景

刘家大院是高家堡古镇内一处保存相对完整的明清时期建造的民居院落，精美的四合院连接着临街商铺和楼院，且后期的改动很少，真实反映了当时的民居院落风貌，是古镇历史辉煌的最好见证，其鲜明的地域特色彰显了古镇传统文化的传承。

宅院的主人是民国年间高家堡的绅士刘瑞庭。刘瑞庭幼年入读私塾，20岁起便与人合伙经商，创办了商号"复盛西"。刘瑞庭经营有方，办事公道，热心公益，经常仗义执言，深得乡里父老敬重。

刘瑞庭对革命的贡献较多。中华人民共和国成立后，刘瑞庭多次当选县人大代表、县人民委员会委员，后任陕西省文史馆馆员。

在土地改革中，刘家大院的一部分房屋分配给了无房的群众，一部分被高家堡文化馆占用。从此，刘家大院与文化馆结下不解之缘，长期成为高家堡文化馆（站）的办公场所。

由于新世纪以来高家堡人口大量外迁，刘家大院随着文化站的群众文化活动减少逐渐沉寂下来。只有漫步的游客偶尔走进这个百年老宅，感叹它的精致与华美，但他们也许不知道这里还保留着高家堡人那么多值得回味的历史文化记忆。

（2）院落布局

刘家大院保存相对完整，位于西南二道巷，为一进四合院，占地

图 8-73　刘家大院区位图

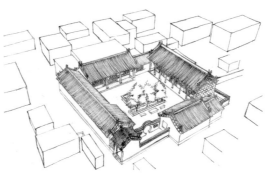

图 8-74　刘家大院鸟瞰图

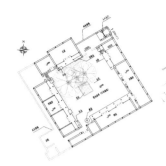

图 8-75　刘家大院一层及院落　　图 8-76　刘家大院屋顶平面
平面（高家堡镇人民政府提供）

图 8-77　刘家大院正房

图 8-78　刘家大院西厢房　　图 8-79　刘家大院倒座

图 8-80　刘家大院东厢房

面积 927m²。大门位于院落东北角。正房位于院落正北，坐北朝南，面阔三间，进深一间，单檐硬山屋面；西厢房位于院落西侧，坐西朝东，面阔七间，进深一间，单檐硬山顶；南厢房位于院落南侧，坐南朝北，与正房相对，面阔五间，单檐硬山顶；粮房、草房位于院落西南侧，坐南朝北，分为东、西两部分，西侧面阔两间，东侧面阔一间，单坡硬山顶，均损毁严重。东厢房位于院落正东面，坐东面西，与西厢房相对，面阔四间，进深一间，单檐硬山顶，门窗特征与窑洞建筑相结合。

（3）主要建筑

正房建筑面积 54m²，承重结构和外围护结构保存良好。屋面为仰瓦屋面，部分瓦件残破，屋面杂草丛生，檐口滴水缺失严重。木格扇门有裂缝变形或缺失。墙体局部开裂，后期改为水泥抹面。地面多为青砖铺地，已经凹凸不平，后期用水泥抹面修补。槛墙、台明等后期改为水泥抹面材质，灶台也是后期改造时加建。

西厢房建筑面积 54m²，仰瓦屋面，屋脊高低不平，局部长满杂草，瓦件残破约 40%。木门扇开裂变形，窗框松动裂缝，墙壁局部改为水泥抹面。地面为青砖地面，20%~30% 破裂，凹凸不平，后期增建灶台。

东厢房建筑面积 129m²，部分青砖地面，部分夯土地面，其中青砖地面 60% 破裂松动。屋面瓦件大量残破，屋面长满杂草、凹凸不平。墙面下部青石风化约 40%。门扇变形，局部开裂，槛墙、台明等后期改为水泥抹面材质，后期增建灶台、改造木窗。目前已经过修缮，保留房屋基本结构。

倒座建筑面积 84m²，外墙为青砖墙体，内墙是土坯墙体。仰瓦屋面，瓦件残破约 75%，局部长满杂草，屋面凹凸不平。滴水缺失 50%，檐口大面积塌陷。木窗部分缺失。青砖地面凹凸不平，60% 破裂或松动。

9．西南二道巷高家大院

（1）历史背景

高家大院坐落于高家堡西南二道巷。原来的高家大院是两进式院落。

（2）院落布局

院落坐北朝南，保留有较为完整的四合院格局，院中正房是穿廊抱厦，东、西厢房分别是木构架建筑，西厢房破损严重，已被废弃，南房为一窑洞，也已坍塌废弃。

（3）主要建筑

高家大院院落正房为一五孔窑洞的穿廊抱厦，坐北向南。通开间 23.35m，通进深 6.525m，建筑面积 1401.10m²。中间三孔窑前有穿廊

图 8-81　高家大院区位图

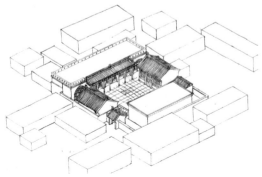

图 8-82　高家大院鸟瞰图

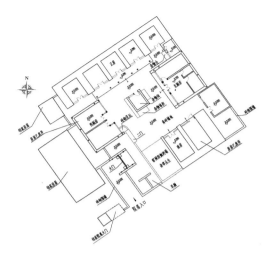

图 8-83　高家大院一层及院落平面（高家堡镇人民政府提供）

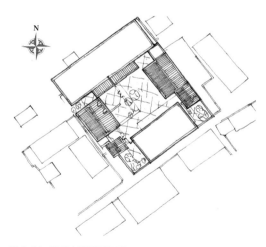

图 8-84　高家大院屋顶平面

和厦檐。建筑为夯土结构加木结构，整体保存情况较好，厦檐屋面瓦件完好，偶有滴水缺失或残破。窑洞正立面局部用水泥抹面加固，侧立面由三种材质补拼。花栏墙上部块块松动，局部墙壁有裂缝。部分门窗由住户后期更换。

西厢房位于院落西侧，入口大门北边，因破损严重已经废弃，屋内长满杂草。该建筑为硬山抬梁式，面阔三间，通面阔约 8m，通进深 6.33m，建筑高度约 5.2m，建筑面积 50.64m²。西厢房木结构部分破损，屋脊残缺，南侧屋面坍塌，屋面凹凸不平，长满杂草。围护结构松动，门窗也损坏或变形。

东厢房位于院落东侧，坐东朝西，为硬山抬梁式建筑。面阔三间，进深两间，通面阔 8.4m，通进深 7.1m，建筑高约 5.2m，建筑面积 59.64m²。该建筑在 30 年前经过两次翻新和修葺，其主体结构基本没有变动，但围护结构、门窗及室内空间划分、装修的变化较大。目前，东厢房主体结构依旧保存原样，但屋脊和屋面均有局部高低起伏，屋面也长满了杂草。建筑立面经过重新翻修后改为白瓷砖贴面，门窗也由住户更换为金属材质。从建筑侧立面可以看到该建筑经过多次修补，立面材质有青砖、石材、红砖和水泥。

倒座与正房相对，位于院落南侧，坐南朝北，为一窑洞建筑，夯土结构，建筑面积 68.4m²。原有三孔窑洞，因坍塌破损，现在能看到的只余两孔，并且建筑保存现状非常糟糕，墙面松动，门窗部分缺失，变形损毁严重。

图 8-85　高家大院正房

图 8-86　高家大院西厢房

图 8-87　高家大院东厢房

图 8-88　高家大院倒座

10.西南二道巷韩家大院

（1）历史背景

　　古朴典雅的韩家大院，是清末民初大商人韩士恭的故居，坐落在高家堡西南二道巷，是古城里形制最高级、保存最完整的一座民宅。

　　清乾隆年间，韩氏先祖韩有成见高家堡兴盛发达，家族由葭州的韩家坡（现属榆林市榆阳区安崖乡）迁居高家堡。经过几代人艰苦经商，家族生意兴隆，富甲一方，成为清中晚期高家堡的韩、宋、彭、杭四大家族之首。当时韩氏家族在高家堡拥有东永生德、西永生德、永进美等商号，和宋家合开钱庄一处、当铺一处、缸房一处（制酒业）、染坊一处，后期在神木县瑶镇开办永丰泉碱厂。韩家大院人才辈出，其中最有名的为第五代的大商人韩士恭，第七代则是我国博物馆学科创始人韩寿萱。

图 8-89　韩家大院区位图

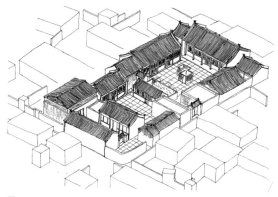

图 8-90　韩家大院鸟瞰图

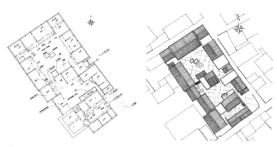

图 8-91　韩家大院一层及院落平　图 8-92　韩家大院屋顶平面图
面图（高家堡镇人民政府提供）

　　如今的西南二道巷韩家大院大门紧闭，历经历史的风霜，大部分院落损毁严重，亦无人居住。但昔日古瓦青砖、砖雕影壁仍然向人们诉说着韩氏家族昔日的辉煌。

　　（2）院落布局

　　韩家大院整体朝东南方，南北长50m，东西宽25m，占地面积1275m²，是高家堡唯一的三进院落，分别由前小院、前院、后院三处院落组成，共有房屋四十余间。

　　前小院青砖铺地，老建筑立面改动较大，现已无人居住。

　　前院在东侧开设前院大门，有正房三间、南房五间，还有库厩和门房等设施。原前院中的老建筑几乎全部坍塌，院内无硬质砖，杂草丛生，局部被居民开辟出来种菜，现为乔、韩两家共同持有，目前无人居住。

　　后院院落敞阔方正，正房坐北朝南，五开间前柱廊，房屋向阳纳光充足，冬暖夏凉。左右各有小院和耳房，院两侧为东西厢房各五间。后院最多时有十几家人居住，总人数达到200多人，现在后院为韩家子孙9家人共同持有。院中原有花坛，现已拆除，改为养鸡场地及加建杂物间。目前后院无人居住，家主现在在高家堡古镇外居住。

　　（3）主要建筑

　　前小院正房坐北朝南，面阔三间，进深一间，建筑面积61.5m²。现存主体结构保存完好，为单檐硬山屋面，屋脊有一处裂缝。滴水部分缺失，吻兽缺失。外罩门由住户后期刷黄色油漆，并更换为玻璃心屉。槛墙为住户后期重新用青砖砌筑，灶台也为后期加建。

前小院西厢房坐西朝东。共两孔窑，建筑面积 78m²，窑洞结构保存较好，窑洞正立面为住户后期翻修，改动较大。门窗均被更换，窑脸为青砖、红砖和水泥共同砌筑。窑前台阶也用水泥抹面重新修葺，现已有部分损坏。

前院东厢房为砖混结构，为近三十年新建房屋。主要建筑材料为青砖、混凝土、水泥、玻璃、木材、石棉瓦等。

前院西厢房坐西朝东，由一处面阔三间、进深一间的建筑和一处面阔两间、进深一间的建筑组成，建筑面积 71.6m²。两处建筑保存状况均非常不好，南侧建筑主体结构受损，屋脊坍塌，屋面破损变形，瓦件残缺，门窗扭曲变形，山墙下部硝碱。北侧建筑屋面扭曲变形，屋前长满杂草，门窗破损缺失。

原后院的正房，左右两侧有西小耳房和东小耳房。正房坐北朝南，面阔五间，进深一间，建筑面积 150m²。正房主体结构保存完好，为单檐硬山屋面，仰瓦屋面，30% 杂草丛生，檐口滴水缺失

图 8-93　韩家大院前院

图 8-94　韩家大院前小院

图 8-95　韩家大院后院

图 8-96　前小院正房

图 8-97 前小院西厢房

图 8-98 前院东厢房

图 8-99 前院西厢房

图 8-100 韩家大院后院正房

图 8-101 后院西厢房

图 8-102 后院东厢房

20%，吻兽上部缺失。台明和槛墙在后期被改为水泥抹面材质，灶台、储物台也为后期增建。两侧耳房屋面均有局部坍塌，由木棍支撑坍塌结构部分。

后院西厢房坐西向东，单檐硬山屋面，面阔五间，进深一间，建筑面积85.3m²。主体结构保存良好，仰瓦屋面，部分滴水檐口缺失，吻兽缺失。灶台、杂物台为后期住户加建，槛窗也由住户在后期改为玻璃窗。

后院东厢房由原来的古建筑与新建筑两座建筑组成，古建面阔三间，进深一间，建筑面积84.8m²。檐口局部破损，屋面变形，墙体有裂缝，急需保护。门窗局部裂缝变形，部分瓦件、滴水破损缺失，吻兽缺失，青石条风化变形。南侧新建房屋是在原建筑被拆除后于1982年重建，为砖混结构建筑。

11. 西城巷郭家大院

（1）历史背景

郭家大院坐落在高家堡南大街与西城巷交角处，距离南门25m，是古城一座典型的前街后院古宅。

（2）院落布局

郭家大院整体朝东南方，南北长 25m，东西宽 25m，占地面积 470m²，分别由大院、小院两处院落组成，整体院落空间呈"L"形。院落大门入口位于西城巷，大院中有一小门，由此到达小院，与南大街临街商铺相连通。

大院为典型的传统四合院，院中有 10cm 左右的高差，院内硬质铺装用红砖、青砖、青石板三种材质，目前部分房屋损毁严重。

小院西侧紧邻大院，院落格局为簸箕院，院内长期不住人，杂草丛生，东厢房紧邻南大街，为沿街商铺，目前已经过修缮。

（3）主要建筑

大院正房为硬山抬梁式建筑。面阔五间，通面阔 12.8m，通进深 6.45m，建筑高约 5.9m，建筑面积 82.6m²。建筑主体结构及屋面保存完好，吻兽缺失，部分滴水缺失。门窗木格扇保存较完好，木柱有裂缝，台明及踏步由住户改为水泥抹面，住户在屋前后期加建杂物台。

大院东厢房为硬山抬梁式建筑，面阔三间，通面阔 8.8m，进深一间，通进深 4.9m，建筑高约 4.3m，建筑面积 82.6m²。建筑保存状况不佳，房屋已废弃不用。北侧主体结构及屋面已破损坍塌，现用两根木棍支撑屋檐部分。木格扇门窗扭曲变形，下侧砖块风化硝碱。北侧

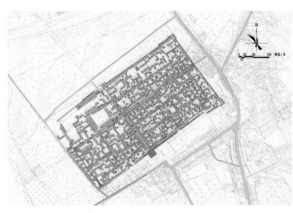

图 8-103 郭家大院区位图

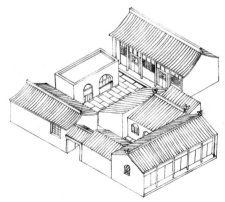

图 8-104 郭家大院鸟瞰图

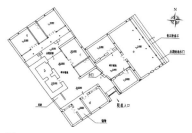

图 8-105 郭家大院一层及院落平面图
（高家堡镇人民政府提供）

图 8-106 郭家大院屋顶平面图

墀头墙缺失，山墙由青砖和石材混合砌筑，青砖的砌筑方式在局部也有不同。南侧山墙有裂缝。

大院西厢房为夯土结构窑洞建筑，建筑面积 40.2m²。保存状况不佳，现已废弃不用。窑洞墙壁多处裂缝，立面砖块松动，硝碱严重，门框破损变形，门扇窗扇局部破损，屋面凹凸不平，杂草丛生。

大院倒座为硬山抬梁式建筑。面阔四间，通面阔10.4m，进深一间，通进深5m，建筑高约4.4m，建筑面积52m²。建筑主体结构保存比较完整，西侧屋脊部分残缺，东侧吻兽上部缺失，屋面长有杂草。该建筑立面并不完整，其中一个开间缺失，形成开敞的灰空间，现用于储藏杂物。

图 8-107 郭家大院院落

图 8-108 郭家大院入口

图 8-109 郭家大院正房

图 8-110 郭家大院东厢房

图 8-111 郭家大院西厢房

图 8-112 郭家大院倒座

图 8-113 郭家小院东厢房

小院东厢房为南大街西侧的临街商铺，硬山抬梁式建筑。面阔五间，通面阔约13.2m，进深一间，通进深约6.8m，建筑高度约5.9m，建筑面积89.4m²。建筑主体结构保存良好，屋面部分瓦件缺失，局部长有杂草。室内原制地面不存，现存为住户后期改造的水泥地面，局部凹凸不平。柱础石及台明均由住户改为水泥抹面材质。该建筑现在空置，堆积杂物。

12. 十字下巷杭家楼院

（1）历史背景

杭家楼院坐落在高家堡南大街与十字下巷交角处，距离南门55m，建于清乾隆三十一年（1766年），是高家堡国医馆杭家的宅院，是古城内有明确年代记载且基本保存完好的早期民居。

杭家祖籍杭州余杭，明朝时迁入高家堡。家中原有良田百顷，土地改革时捐出。

（2）院落布局

杭家楼院整体朝西南方，东西长26m，南北宽16m，占地面积379m²，是典型的前街后院院落格局，其中院内保存最完好的为东侧阁楼，坐东面西，为二层硬山式砖木结构楼房，上下各五间。

院落整体布局规整，呈矩形，院落有两处入口，主入口位于十字下巷，次入口由紧邻南大街的商铺进入，原有大门年久失修、损毁严重。

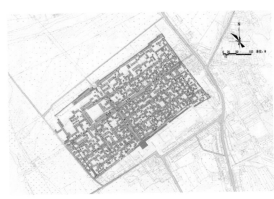

图 8-114　杭家楼院区位图

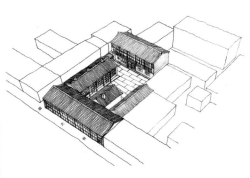

图 8-115　杭家楼院鸟瞰图

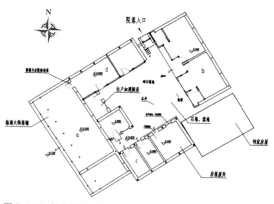

图 8-116 杭家楼院一层平面图（高家堡镇人民政府提供）

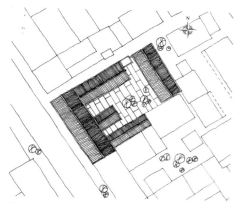

图 8-117 杭家楼院屋顶平面图

（3）主要建筑

正房坐北朝南，位于院落入口西侧，是单坡硬山屋面。面阔五间，进深一间，通面阔 11.4m，通进深 4.1m。如今建筑现状良好，结构保存较好，屋面有轻微凹凸不平，正吻缺失，部分滴水缺失。门窗由住户后期更换，柱础石由住户用水泥重修加固，槛墙也经过重新砌筑。

东厢房是杭家楼院中的楼阁建筑，建于乾隆三十一年，单檐硬山屋面，两层均面阔五间，进深一间。通面阔 13m，进深 6.1m。三脊四兽，排山瓦，猫头滴水，细墀头，上下层柱撑廊檐，木板分隔，木质栏杆（直档）、阶梯、过道、仰尘、细棂窗户，清水砖墙锲有十字形铁铆。建筑主体结构保存良好，筒瓦屋面，瓦件保存情况较好，屋面轻微变形，凹凸不平，正吻缺失。

西厢房为南大街商铺，明清时期建造，为硬山抬梁式建筑。面阔七间，进深一间。通面阔 16.85m，进深 6.85m。建筑结构保存良好，小青瓦屋面的瓦件有部分松动，残破约 25%，滴水缺失约 30%，吻兽缺失；山墙墙体下部风化酥碱；台明地面材质由后人改为水泥抹面，局部有裂缝，室内地面原制青砖不存，现状为住户更换的釉面砖铺地；檐柱柱身遍布小碎缝，梁架局部变形，梁头开裂。木板门变形、裂缝，上部装板为镶嵌玻璃，窗框有细微裂缝，表面油漆脱落。

图 8-120 杭家楼院西厢房

图 8-118 杭家楼院入口　　图 8-119 杭家楼院东厢房　　图 8-121 杭家楼院倒座

　　倒座坐南朝北，部分坍塌，现已空置，无人居住。建筑现存状况并不乐观，原制屋面不存，住户用石棉瓦替代。门窗部分缺失、部分由住户更换。建筑立面也经过较大改动。

13. 十字下巷李家楼院

（1）历史背景

　　李家楼院坐落在高家堡十字下巷中部北侧，距离中兴楼 170m，据镇志记载："李家楼院传为葭州李府（武状元）之裔江河公所建。"

（2）院落布局

　　李家楼院整体朝东南方，两进四合院，南北长 45m，东西宽 20m，占地面积 740m²，保留旧建筑 326m²，整体院落空间呈"L"形。镇志记载："坐北面南单檐硬山式广亮门楼一楹，内联墙双面影壁一道，前院东西厢房各五间，正北庭房三间，东南隅倒座房三间。东北券洞门径。后院东西厢房各五间，二层楼宇正堂一幢。其楼底座石

图 8-122　李家楼院区位图

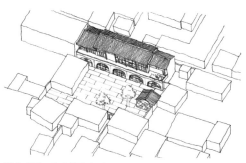

图 8-123　李家楼院鸟瞰图

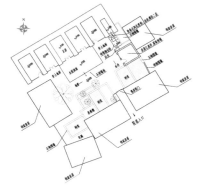

图 8-124　李家楼院后院一层及院落平面图
（高家堡镇人民政府提供）

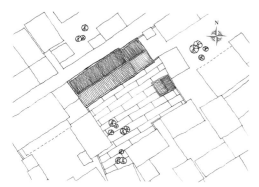

图 8-125　李家楼院屋顶后院平面图

窑五孔，十二柱穿廊大坡厦。傍东花栏墙石阶楼梯。二层蝼蝈脊走兽卷棚楼宇五间，六柱撑檐猫头滴水排山瓦细墀头。东西卷棚耳阁各两间，猫头滴水仰合瓦。"今部分建筑已毁。

　　由此可知，初建时的李家楼院有前后两院，且由十字下巷直接进入。如今李家楼院前院已经不复存在，后院二层下窑洞上卷棚的建筑犹在，但是损毁严重，二层已废弃不用。紧邻同心下巷的建筑墙壁出现裂缝，有向北侧倾倒之势，现在从同心下巷方向用一粗树干顶住该建筑，以防倒塌。院落大门已经损毁，现为铁门。

（3）主要建筑

如今李家楼院仅有一处能够使用的建筑，院落空地用砖块石块围起来，用于种菜和养殖。该建筑为下层夯土、上层木结构，建筑面积288.5m²。底层窑洞主体结构犹存，窑洞女儿墙作上部房屋护栏。窑洞东侧墙面上部坍塌，凹凸不平，墙体多处裂缝，杂草丛生，西侧和中部女儿墙也破损不堪。该窑为五孔窑洞，最西侧的一孔窑门窗破损极其严重，窑洞内部几欲塌陷，已废弃；西侧第二孔窑门窗亦变形破损，现已空置，无人居住；中间窑洞门窗由住户刷红色油漆，且窗户被更换，槛墙改为水泥抹面；东侧第二孔窑洞门窗为原制，槛墙用红砖重新砌筑；东侧第一孔窑洞门窗有所变形扭曲。楼梯位于建筑东端，台阶一半用砖跺代替，一半垒叠青阶条石，由此拾级而上，通往二层建筑。

二层中间建筑为卷棚屋面，保存情况很差，部分结构已经坍塌，屋面也破损不堪，墙体多处裂缝，仍旧存在的门窗也破损扭曲，残破程度不一，有的门窗曾被住户更换。二层两侧耳房也已坍塌损毁，结

图 8-126　李家楼院院落现状

图 8-127　李家楼院后院正房

构外露，残墙可见。总而言之，该建筑目前情况岌岌可危，需要立即采取措施。❶

四、庙宇建筑

庙宇石窟作为一类精神防御的建筑类型，在军事堡城的发展中起到了重要作用。明中期至清初，已有大量的古建筑如白衣殿、西门寺（大兴寺）、南门寺（弥勒寺）、河神庙等伴随着边疆战事而兴建，成为人们的精神慰藉场所。随着战事平息，蒙汉交好，边疆贸易逐步昌盛，一时间，高家堡镇商铺林立，庙宇成群，庙会活动兴起。至今高家堡仍保留着传统的庙会文化。《高家堡镇志》记载的庙会活动包括元旦登高会、顺星大会、元宵节大会、叠翠山庙会、兴武山庙会等 23 个之多。其中有明确商贸记载的庙会有 12 个，以祈福游赏为主的庙会 9 个，以宗教布施为主的庙会 2 个。

1. 城隍庙

（1）基本概况

城隍庙始建于明代，位于北城上巷北侧，庙院占地面积约 2800m²。建成之初，原为一套完整的四合院形式庙宇，院中建有钟鼓楼、城隍爷马殿，院门口石狮把守，院内树木林立。几百年来，历经战争的摧残和大事件的变革，如今庙院早已无传统的庙宇格局。现状城隍庙除西侧房屋为传统老建筑以外，其余各殿均为后来维修、复建的新建筑。城隍庙为官方主导祭祀的重要庙宇，素有"城隍坐镇，土地退位"的说法。

（2）历史沿革

城隍庙始建于明代，据《高家堡镇志》记载，自 1956 年起，城隍庙先后被区公所、公社和镇政府机关办公所占用，后经过多次改建，

---

❶ 刘思源. 陕西高家堡古镇民居院落调查研究 [D]. 西安：西安建筑科技大学，2016.

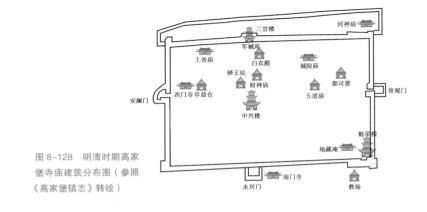

图 8-128　明清时期高家堡寺庙建筑分布图（参照《高家堡镇志》转绘）

（a）　　　　　　　　　　　　　（b）

图 8-129　城隍庙
（a）临街牌坊；（b）正殿

城隍庙传统的风貌格局已不复存在。2003年，镇政府迁址城外后，民间集资对城隍庙正殿和临街牌坊进行了复建，复建后的正殿完全还原了城隍庙原有的正殿布局结构，现状整体保存较好。

（3）建筑风貌与特征

据《高家堡镇志》记载，城隍庙建成之初，临街立有木牌坊，前院有会房、禅房和水井，中殿正面白底绿字的门额上写着"你来了么"，背面匾额是黄底红字"放过谁来"。院内左右两侧各有泥塑马一匹和泥马夫一人。进里院有左右两个门洞，门洞之上分别为钟楼、鼓楼。重门以内，为高大正殿三间，正殿前有卷棚，楹联"天知地知尔知我知何谓无知，迟报早报善报恶报终须有报"，左右木架上全副仪仗。大殿门上楹联"为善不昌祖宗有余殃殃尽则昌，作恶不灭先人有遗德德尽乃灭"，殿内供奉城隍爷，两旁侍立判官、牛头马面等。

复建后的城隍庙，整体采用砖木结构，正殿面阔三间，殿内供奉城隍老爷，殿前有卷棚，卷棚两端墙壁上有彩绘壁画。屋顶与梁柱之间采用斗拱与铺作相连，屋顶使用灰色瓦片铺砌，屋脊上脊兽雕刻小巧精致。

2. 财神庙

（1）基本概况

财神庙位于中兴楼东侧，始建于明朝，占地面积约 960m^2，建筑面积约 360m^2。财神庙建成之初，院落格局完整，历经多次大事件的变革，财神庙传统的建筑格局和风貌特色遭到了严重的破坏，而后历经多次维修整治，现状庙宇整体格局和传统风貌犹存。

图 8-130 财神庙整体格局

（a）　　　　　　　　　　（b）　　　　　　　　　　（c）

图 8-131　财神庙
（a）大门；（b）正殿；（c）古戏台

（2）历史沿革

中华人民共和国成立之前，财神庙香火旺盛，是高家堡民众求财拜神之地，也是古镇居民娱神乐己的场所。❶中华人民共和国成立之后，财神庙先后被乡政府、生产大队等政府部门办公占用。后经人民公社时期，财神庙大门进行了新建，新建之后的财神庙大门标有"高家堡公社红旗生产大队"字样，此时的财神庙是高家堡文化活动中心，白天是生产大队铸造农具的场地，晚上是演戏放电影的场所。

（3）空间布局

庙院坐东朝西，北侧布局正殿，东西两侧有配殿，南侧为古戏台，庙院整体空间格局完整。财神庙历经多次大事件的变革，现状院落空间整体保存较好，古戏台传统风貌犹存，正殿中间三间经过维修，体现了传统老建筑修旧如旧的风格。

（4）建筑风貌与特色

正殿面阔五间，进深一间，建筑主体为一层抬梁式架构，建筑屋顶为硬山双面坡屋顶，屋脊上有龙、大象、狮子等神兽，彰显了财神庙在高家堡的重要地位。正殿中间三间整体较高，殿内供奉财神，殿

---

❶　陕西省神木县高家堡镇志编纂委员会.高家堡镇志[M].西安：陕西人民出版社，2016：459.

内两侧立有财神随从神像，两侧墙壁上有彩色壁画。殿外有卷棚，外墙采用砖红色涂料粉刷，受陕北高原日光长时间的照射，现状墙体脱色现象较为严重。卷棚下立有木柱两根，柱下有石质柱础，柱头上有铜制雕塑。东西两配殿相对较矮，殿内均供奉赵公明神像，殿内地上卧有一只体积较小的石狮子，两侧墙壁上绘有财神往返于天宫和人间的壁画。正殿前院落宽敞、干净整洁，院子中间放置有一处简易的香火炉，院落两侧立有两块功德碑，记载了财神所受功德。

　　古戏台位于庙院南侧，坐南朝北，为卷棚硬山屋顶。戏台面宽三间，进深一间，台基高约 1.5m，整体采用抬梁式架构，四根红色的木柱和山墙是戏台主要的承重体系。戏台东侧有耳房一间，是演员演戏时化妆、换装的主要地方。戏台两侧山墙及正墙上有壁画题字多幅，绘画题字时间无从考证，但壁画细节突出，惟妙惟肖，题字苍劲有力，彰显了当时画师和书者高超的技艺。

图 8-132　壁画题字

3.西门寺

（1）基本概况

西门寺始建于明朝时期（具体时间无从考证），旧称大兴寺，位于古城西街北侧，整体坐北朝南，建成之初原为一进式四合院庙院，建有大雄宝殿、伽蓝殿、天王殿、韦陀阁、弥勒龛、钟鼓楼、禅堂等，占地面积约985m²。中华人民共和国成立后，寺院逐渐衰落，历经多次维修，保留维修原有建筑315m²，院落中间新建一座大殿，将原一进式院落改造为两进式院落。

现状西门寺由神木市文化旅游产业投资集团有限公司集中管理，维修改造后的西门寺建筑风貌和整体环境均保存较好。改造后的西门寺前院以文创商业为主，后院基本保留了寺庙原有的祭祀功能。

（2）历史沿革

中华人民共和国成立之前，西门寺颇受信徒信服，香火旺盛，拥有庙属土地和固定的长工、火工。每年农历七月十三前后，古镇西门外举办骡马大会，前来交易的蒙汉客商，会在西门寺进香礼佛。中华人民共和国成立之后，寺院一度衰败，曾多次被学校、供销社等借用，建筑损毁现象较为严重。近年来，高家堡文物古迹建筑保护颇受重视，社会各界曾多次筹措资金、人力等资源对古城内文物古迹进行维修、

图8-133　西门寺（大兴寺）大门

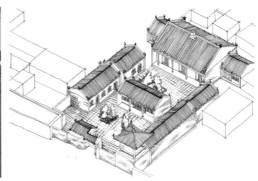

图8-134　西门寺（手绘鸟瞰）

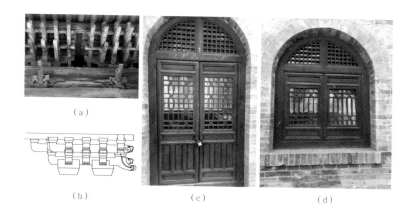

(a)

(b)   (c)   (d)

图 8-135　建筑风貌
(a) 建筑构造；(b) 屋檐测绘；
(c) 门；(d) 窗

修复。2016 年，神木市文化旅游产业投资集团有限公司投资 250 万元对西门寺建筑进行了维修、修复，恢复了其往日风貌。

（3）空间布局

西门寺布局严谨，坐北朝南，为一座两进式四合院建筑。前院已用作商业开发，以文旅小商品销售为主，东南角建有四角攒尖钟鼓楼；后院基本保留西门寺原有宗教祭祀功能，中间布局大雄宝殿，两侧布局禅房。

西门寺整体空间格局较为完整，建筑布局严谨有序，建筑风貌特色突出，是古镇内除中兴楼外，传统空间格局保留最完整的公共建筑。

（4）建筑风貌与特征

高家堡古镇地处陕蒙边界，受藏传佛教影响，西门寺以佛教祭祀为主。西门寺建造技术颇为考究，从建筑风貌、色彩到建筑结构、选材都体现了中国古代建筑文化的博大精深。经过 400 多年的风吹日晒，寺内大雄宝殿仍将这种传统建筑的精美绝伦流传了下来。

大雄宝殿建筑形式不同于常见的庙宇建筑，建筑风貌拥有浓厚的陕北地方特色。整体采用陕北"枕头窑式"建筑形式，建筑结构为古建筑常用的抬梁式木架构。大殿坐北朝南，面阔三间，进深两间，两侧有倒座，为高家堡常见的硬山双面坡屋顶建筑。建筑色彩以暖色调为主，墙体使用青砖垒砌，因建设年代较为久远，现状墙体底层石砌部分已出现了风化。

　　大雄宝殿的建筑特色融合了中国古代宫殿建筑的美学特征，向上、向外翘起的屋角使得高耸的屋顶显得生动而精巧。屋脊正中有小巧别致的白塔一座，是藏传佛教文化的象征，白塔两侧有雕刻精致的各类神兽。大殿整体采用榫卯构造，屋檐出挑采用榫卯构造层层叠上。

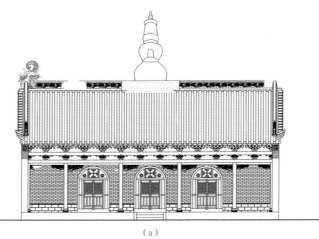

（a）

图 8-136　大雄宝殿
（a）立面测绘；（b）建筑风貌

（b）

梁柱是大殿主要的承重体系，柱头之间由阑额联系，柱头上有栌斗，栌斗下方压有普拍枋。各构件衔接紧凑有序，彰显了寺庙建筑神圣庄严之风。

寺内建筑门窗极具地方特色，大部分为拱形，传承了陕北窑洞拱形门窗的建筑风格，门窗材料选择古代建筑最为常用的深红色，整体色彩庄重大气。建筑墙体为青砖垒砌，墙底每隔一段留有一处排水用的方形洞孔。

西门寺整体保存较好，院落空间较为完整，建筑布局紧凑有序，建筑结构清晰可辨，是高家堡古镇明清时期庙宇建筑的典型代表。

4. 地藏庵

地藏庵，位于东二道巷东侧，始建于明朝（具体时间无从考证），历经多次大事件的变革，传统的地藏庵格局已完全被破坏，现在的地藏庵为 2013 年民间捐赠，原址重建。

重建后的地藏庵基本恢复了其原有的空间格局。院落坐东朝西，是一座四合院式寺庙院落，庙院正殿为地藏殿，供奉地藏菩萨，殿内菩萨铸像、法器供具齐全，两侧配殿分别为钟鼓楼、藏经阁，院落

图 8-137　地藏庵

中间立有影壁。

地藏庵空间布局严谨，院落中轴对称，建筑布局紧凑有序，壁画、影壁等雕刻细腻，整体小巧而精致。

5. 龙泉寺庙宇群

龙泉寺始建于明成化七年（1471 年），位于秃尾河西岸的龙泉山上，与古城隔河相望。自建成以来，历代皆对龙泉寺有维修、维护，现存吕祖殿、观音殿。现状寺门、山门皆为后来新建。

吕祖殿为青砖垒砌，是一座两层枕头窑式建筑，建筑屋顶四角向上翘起，庄重而精致。一层为窑，中间供吕祖、北斗、南斗，两侧供贵、禄、福、喜四位运神。窑上有殿，正殿绘元始天尊、佛祖、太上老君，侧面绘有普贤菩萨、文殊菩萨，殿前悬挂有清乾隆年间铁钟一口。

龙泉寺现保存有极具价值的石碑数座，其中最有价值的为明成化七年（1471 年）所立的《新修龙泉寺记》古碑，古碑由碑首、碑身和碑座三部分组成。碑身损坏严重，碑首为圆首雕螭，四螭垂首，碑座为须弥仰覆莲式。

图 8-138 龙泉寺庙宇群
（拍摄：大雄）

图 8-139　兴武山庙宇群（拍摄：大雄）

6. 兴武山庙宇群

兴武山庙宇群位于高家堡东南郊的兴武山巅，平面呈长方形，南北长约 300m，东西宽约 200m，总面积约 6000m²，是高家堡古镇现状保存最完整、面积最大的庙宇群，现为神木县级文物保护单位。

兴武山庙宇群始建于明成化年间。弘治年间，庙宇群进行了重修，直到"文化大革命"期间，庙宇群遭到了严重的毁坏，原有的庙宇格局基本全无，仅存有残址。❶20 世纪 80 年代，庙宇群进行了重建，重建后的庙宇群基本恢复了明代时期的风貌格局，祭祀文化也逐步得到恢复，再次成为周边民众求神拜佛的圣地。

庙群包城围筑，分上下两院。山麓石质牌坊为下山门，牌坊雕刻复杂，穿过牌坊，是直通中山门的石阶，踏上石阶步入中山门，直冲

---

❶　陕西省神木县高家堡镇志编纂委员会.高家堡镇志 [M].西安：陕西人民出版社，2016：462.

眼球的是中山门题有"峻极天"的门头，继续前行，石崖有与榆阳王兴榜书摩崖石刻"塞北蓬瀛"，石刻字迹苍劲有力，气势冲天。石刻东侧为庙宇下院，入门豁然开朗，别有洞天。下院古窟佛堂并存，以中间佛殿为中心，分别布局三官殿、娘娘庙和禅堂。

山顶之上为祖师庙，正殿五间供奉真武大帝，东西配殿供奉眼光菩萨、老君、玉皇大帝、药王神等，东西廊房供奉全真道南五祖和北七真。南面正中建有戏台，两侧建有钟鼓楼，院落殿宇布局严谨，空间开敞。

庙宇群现有石碑多处，其中一处刻有"岩岩兴武镇弥川，官阙嵯峨半接天。疑是蓬莱飞塞北，登临到此亦神仙"。由此可见，兴武山庙宇群优越的自然条件，堪比蓬莱。

五、佛洞石窟

明清时期，面对边塞险峻严酷的战争环境和恶劣的自然环境，高家堡广修庙宇、营造佛窟，是当时军民祈福消灾的现实需求。明代中期，佛窟开凿达到了高峰，高家堡现存的千佛洞、万佛洞石窟就是这一时期的重要产物。

1. 千佛洞

位于高家堡东郊土旺山断崖上，佛窟坐北朝南，东西向一字排开。佛窟整体平面呈长方形，南北长约 15m，东西宽约 110m，总面积 150m²。佛窟最东侧石窟最大，石窟门窗为木质雕刻，花纹精美，雕刻精细，可见其工匠木雕技艺的高超，极具研究价值。据《高家堡镇志》记载，东侧石窟原有两层门楣❶，经过长时间的风雨侵蚀，现状仅可见一层门楣。石窟承重主要依托石柱，石柱与石斗栱连接，现状石

---

❶ 陕西省神木市高家堡镇志编纂委员会 . 高家堡镇志 [M]. 北京：方志出版社，2018：120.

斗栱风化较为严重。窟内与神台一体刻成，正面残存有三尊雕像台基与背光，背光为深浮雕，雕刻有花卉鸟兽等图案。此外，洞内还有石刻佛像残存，经长时间风化，现状佛像已模糊不清。洞顶藻井风化现象较为严重，洞窟门口仅残存轮廓。

2. 万佛洞

位于千佛洞南侧山崖，石窟坐北向南，为单窟，平面呈长方形，南北长约 15m，东西宽约 13m，总面积约 195m^2。石窟为两层仿木构重檐歇山顶式石刻建筑。石窟一层正中为正门，设有前廊，廊柱高约 2.63m。门面仿木质石刻八角天花板，斗栱窗棂，重檐滴水，并造有花栏墙精美小石狮 4 个。洞门上刻有"万佛洞"，二层主要通过窗户为洞窟提供采光，窗户位于正门正上方。窟外左侧摩崖石刻大字"小江南""别开天地"，窟内有天然形成的石柱两根，因石柱较高，故有"通天石柱"之称。

除千佛洞、万佛洞之外，断崖上还有几个小石窟，窟内藻井、壁画雕刻精湛，石刻技术较高。石窟内有"洞古千年石，山高万仞巅。偶来攀上界，众像自森然"的石刻，可见高家堡石窟久远的历史价值。

图 8-140　万佛洞

第九章　建筑装饰

装饰是建筑的艺术表现形式之一，建筑的风格特征在很大程度上来源于建筑装饰。装饰艺术体现了人们对建筑美感的追求，又表达了对美好生活愿景的期许。

一、基本分类

高家堡镇的建筑，装饰题材丰富，装饰的部位主要有门窗、屋脊、梁柱、影壁、彩绘等，依材料不同又分为瓦作、木构、砖石和其他等类型。瓦作主要有屋脊、瓦当和滴水；木构主要包括门、窗、额枋等；砖石包含了影壁、墀头、门枕石、柱础等；而梁枋上的彩绘，门扉上的饰物则归为其他一类阐述。通过这些建筑构件与装饰，我们可以窥探高家堡古镇当年的繁盛。

二、主要内容

（一）瓦作

瓦作，是中国古代建筑屋顶做法的统称。早在 2000 多年前，中国古代先民就已发明了瓦作。《史记·廉颇蔺相如列传》中有"秦军鼓噪勒兵，武安屋瓦尽振"的描写，说明在战国时期，瓦就有着普遍应用。

瓦作在形制上也可分为"大式"和"小式"两大类。大式瓦作用筒瓦骑缝，脊上装有脊瓦、吻兽等构件，材料使用琉璃瓦或青瓦，多用在宫殿、陵寝、庙宇等建筑上，但不一定限于大木作上。小式瓦作上不设吻兽，多用板瓦，个别也用筒瓦，材料只用板瓦。向上略作凹曲的板状瓦叫板瓦，板瓦在屋面上每一列形成一条排水沟，叫作"一垄"。每垄最下一块带有如意头状者叫作滴水。半圆状的瓦叫筒瓦。筒瓦用于覆盖垄缝。最下一块筒瓦带有圆形的瓦头，称作勾头或瓦当。

1. 屋脊

高家堡古镇建筑多采用硬山顶形式，为五脊二坡，屋顶与山墙齐平。明清之后民间建筑多使用硬山顶形式的屋顶，这与明以后开始使用砖砌制山墙有关。

正脊是由屋顶前后两个斜坡相交而形成的屋脊，处于建筑屋顶的最高处。从建筑正立面看，正脊是一条横向的线，也称为"大脊"。高家堡古镇中古建筑的正脊多为砖雕花脊，采用浮雕的手法，用青砖或琉璃瓦件雕成连续的图案构成条状装饰，雕刻内容一般为花朵、枝叶或鸟兽等。

古镇中民居的正脊装饰较为简单，多使用薄浮雕花草纹的瓦件砌成，在正脊上没有过多的装饰品，少数地位显赫或大户人家院落的建筑正脊较为精美，一般采用高浮雕技艺雕刻花草。南东二道巷亢家大院门楼正脊采用高浮雕花饰瓦件，因年代久远，花卉、枝蔓的纹路已不太清晰，但花瓣、叶子造型立体饱满，轻盈灵动，似乎在随风飘动。同心下巷张家大院门楼正脊为黄色琉璃瓦，高浮雕的莲花、牡丹等花朵形象逼真，栩栩如生，枝叶上的纹路等细节惟妙惟肖，展现了高超的砖雕水平。

图 9-1　同心上巷 8 号民居正脊

图 9-2　高浮雕花卉图案

公共建筑如城隍庙、财神庙、中兴楼等正脊的装饰更加精美复杂，除了两端的吻兽外还在正脊上增加了其他装饰构件。

以财神庙正殿为例，正脊上莲花样式的瓦件采用高浮雕手法，花瓣层叠，栩栩如生。莲花在中国传统建筑雕花样式中最为常见，象征出淤泥而不染，濯清涟而不妖，洁身自好的高贵品质。正脊中央楼阁形式的脊刹与两端龙形的正吻相结合，有"双龙护塔"之意。脊刹两侧分别放置身背宝瓶的大象、老虎，以及鸽子和神兽，既有辟邪、祈福的寓意，又表达了对太平吉祥生活的向往。

城隍庙正殿屋顶正脊形式与财神庙十分相似，均为莲花浮雕的瓦件，中央楼阁形式的脊刹稍有不同。

西门寺（又名大兴寺）正殿正脊使用高浮雕莲花的瓦件砌成，中央立覆钵式塔形脊刹。覆钵式塔为藏传佛教的代表性建筑样式，西门寺脊刹取此外形直观展现了宗教信仰派

图 9-3　南东二道巷亢家大院门楼正脊

图 9-4　同心下巷张家大院门楼正脊花饰

图 9-5　财神庙正殿正脊

别。该脊刹体积为高家堡古镇脊刹之最，高度达到4m，最宽的地方接近2m，因其体积较大，下方用于承载的须弥座却打断了正脊结构的连贯性，所以在脊刹两侧另设两个尺度较小鱼龙形吻兽，增加装饰构件，弱化脊刹的孤立感。

垂脊即由正脊两端垂直延伸而出，沿着山面的博风板走势下垂的屋脊。高家堡古镇中的垂脊装饰与正脊风格相同，采用浮雕花草纹搭配龙形吻兽的组合，但在垂脊装饰上增加了其他摆设。财神庙正殿垂脊上布置了象征家庭和睦的鸽子，以及寓意逢凶化吉的"仙人骑鸡"摆件。民居建筑的垂脊比较简洁，仅以普通砖瓦砌成，更注重实用功能。

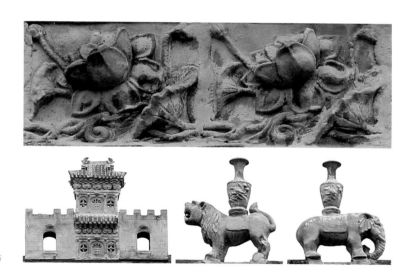

图 9-6 财神庙正殿正脊脊饰

图 9-7 城隍庙正殿正脊

图 9-8　城隍庙正殿正脊脊刹　　　图 9-9　西门寺正殿正脊脊刹

图 9-10　财神庙正殿垂脊

2. 吻兽

吻兽是中国建筑中屋脊兽饰的总称，是用来装饰屋脊的重要构件，具有一定的迷信色彩，但也体现人们对生活的美好希望。吻兽是建筑屋脊上的"避邪物"，传说可以驱逐厉鬼，守护平安，并且可以祈求丰衣足食，家和业兴。为此，不论建筑等级高低，中国传统建筑屋脊都会饰有"龙"来辟邪。

高家堡古镇建筑的吻兽分为正吻、垂兽两种，其形态均为龙头，有辟邪镇宅、镇火消灾的寓意。垂兽形式均为向远方眺望的龙头，正

图9-11　民居建筑上的单龙正吻

图9-12　财神庙正殿三龙盘结正吻

图9-13　中兴楼三龙盘结正吻

吻的形态则比较丰富多变。民居的正吻采用一只眺望远方的龙头形象，故这种正吻形式也称为望兽，等级较低。中兴楼、城隍庙、财神庙正殿的正吻为三龙盘结，一条龙张嘴吞含正脊，另两条龙向外望向天空，相对于其他正吻形式，三龙盘结的正吻显得气势磅礴，宏伟壮观。

3. 瓦当与滴水

瓦当一词，《长安志图》谓之瓦头，是覆盖建筑檐头筒瓦前端的遮挡。"瓦者，圆弧陶片，用以覆顶；当者，底也，瓦覆檐际者，正当众瓦之底，又节比于檐端，瓦瓦相盾，故有"当"名。"❶

古镇中建筑屋顶的瓦当为圆形，采用兽面纹，雕刻了神态各异的虎头、狮头以及麒麟头形象。兽面纹瓦当轮廓中间截面低于边轮，截面上常用凸起的线条勾勒兽面纹，依据兽相种类，兽面纹变化颇多，上下宽窄、轮廓钩线等都没有固定的形态；双眼呈斜立的水滴形，眼里边框勾线有的有，有的没有；鼻梁短并且凸起，眉眼怒视，张牙舞爪，神情十分狰狞，脸的周围有放射状线条代表毛发。

滴水是指建筑屋檐下端特制的瓦片，用于引流瓦沟流下的雨水，防止雨水侵蚀墙体。

高家堡古镇建筑的滴水为倒三角形瓦片，形似下垂的如意形舌头，其雕刻的花纹多种多

❶　[宋]宋敏求，[元]李好文. 长安志·长安志图. 西安：三秦出版社，2013.

图 9-14　样式丰富的瓦当和滴水

样，有龙形、兽面、花草纹、几何形状等多种样式，在实用的同时兼具装饰作用。

　　瓦当和滴水，二者相辅相成。瓦当在屋檐防止雨水倒灌破坏椽子；滴水引导雨水下流，防止墙体灌水，它们都是为了保护屋檐，不让椽子烂掉。瓦当与滴水在使用价值上完美结合，缺一不可，在建筑造型上，二者也展现了高家堡传统建筑的和谐之美。

（二）木构

1. 门簪

　　门簪是传统建筑中的大门构件，用来锁合中槛和连楹，它的作用仿佛一个木销钉，将所有相关构件连接到一起。传统建筑中的部分门簪带有雕刻，内容丰富，形式多样。

　　在高家堡古镇中，圆柱形的门簪最为常见，左右对称置于门框之上，这种形式的门簪更注重实用功能。以圆柱形门簪为基础，又衍生出许多兼具装饰功能的门簪，比如在圆柱形门簪下加入雕花的底座，或在圆柱形门簪上雕刻花卉纹路，或两者结合。除此之外还有其他几何图案的门簪形式，比如正多边形和不规则形状。

图 9-15　基础圆柱形门簪

与上述两类门簪形式不同，在门簪外部加入雕刻花瓣样式的门簪比较少见，但内容更加生动，更具立体感。此类门簪外端为雕刻花卉图案的构件，纹路清晰，花瓣层叠，栩栩如生，用铁钉钉于门簪底座之上，使得门簪的装饰性更加丰富突出。

图 9-16　雕花圆柱形门簪

图 9-17　其他几何样式门簪

图 9-18　西南二道巷高家大院门簪

图 9-19　十字上巷呼家窑院门簪

图 9-20　西南二道巷韩家大院门簪

2. 雀替

雀替是处于梁或阑额与柱交接处的重要部件，不仅起承托梁枋的重力、缩短梁枋之间距离的作用，也可以在柱间挂落下起纯装饰作用。明清以后，雀替的装饰性愈发凸显，在保留其实用性的基础上，样式更加丰富多样。

高家堡古镇的雀替为木质材料，雕刻图案有龙纹、祥云纹、拐子纹、凤凰戏牡丹以及各种花卉图案，雕刻手法采用透雕和浅浮雕，在公共建筑上的雀替还会选择彩饰。造型精美的雀替弥补了柱子的空旷感，让建筑大门更生动且富有活力。

同心下巷刘家大院的雀替，雕刻了傲雪寒梅的图案，花瓣与枝叶纹路清晰，形象立体，生动逼真。户主借梅花图案表明自身不屈不挠、乐观坚强的精神。

十字上巷王家窑院大门的雀替样式独特，外轮廓线条方正，棱角突出，内部雕刻卷草纹缠绕拐子纹图案，两种中华传统建筑图案相互交织。线条方正规整的拐子纹与曲线流畅舒展的卷草纹巧妙结合，刚柔并济，硬朗中兼具活泼。拐子纹由龙纹简化而来，有"富贵"之意，卷草纹象征"连绵不断"，二者合一，寓意富贵不断、子孙绵延。

西南二道巷高家大院门楼梁柱间装饰部件是雀替的一种特殊样式——挂落。相较于传统雀替，挂落的尺度更大，雕刻图案更加丰富，

图 9-21　高家堡古镇常见雀替样式

图 9-22　同心下巷刘家大院雀替

图 9-23　十字上巷王家窑院雀替

图 9-24　西南二道巷高家大院挂落

作为一种纯粹的装饰构件，挂落已经没有支撑作用。高家大院的挂落共由三块雕刻后的木板组合而成，左右两侧贴柱的木板与横在门梁下的木板经雕刻后构成葡萄藤蔓缠绕的图案，枝叶纹路清晰、立体，葡萄果实颗粒饱满，象征人丁兴旺；在挂落的图案中还有两只趴在藤蔓上的小老鼠，寓意多子多孙，招财进宝；在木板的连接处各雕刻一只展翅的雄鹰，既弱化了木板间缝隙的突兀感，又借雄鹰象征自由与拼搏；在挂落正中央位置雕刻了一团火焰祥云，一是有辟邪去祸之意，二是祈求生活祥和，事业红火。整个挂落木雕手法精湛，外形精美，展现了中华民族传统手工艺的独特魅力，代表了高家堡古镇木雕装饰艺术的最高水平。

与民居建筑的雀替不同，公共建筑的雀替除了木雕手艺之外还采用了彩绘手法。浮雕手法使得图案脱离了平面的束缚，加以彩绘让图案更加立体，两者结合，赋予图案动态感，看起来更加生动。

以城隍庙为例，正殿前的卷棚设立三排共计十二根柱子，每一个梁柱间的雀替造型相异，样式颇多。位于卷棚中央梁柱上的雀替均为神龙形象，两侧的雀替形象采用花草、祥云等图案。其中由外向内第三排梁柱上的"神龙"最为生动，浅浮雕龙身辅以金黄色彩绘，龙头部分凸出雀替平面之上，整条神龙呈"张牙舞爪"的姿态，龙身四周包裹蓝色和绿色的祥云，该雀替所刻画的神龙栩栩如生，似乎即将从

图 9-25　城隍庙正殿卷棚雀替

图 9-26　龙形象雀替

图 9-27　中兴楼骑马雀替

木板之中飞出。第二排梁柱上雀替采用透雕手法，金色的边框内雕刻神龙与祥云，神龙飞翔于祥云之间，回首相望。第一排的柱子之间为挂落结构，一整块木板贯通，透雕双龙戏珠图案，木板两侧下方有云墩和梓框支撑。两只神龙体量较大，龙须、毛发、龙鳞纹路清晰，再加以彩色的颜料辅助，立体感十足。

骑马雀替——因为两个雀替相邻过近而合为一个整体，在高家堡古镇中这种形式的雀替仅在中兴楼上出现。该雀替彩绘与木刻相结合，金色、蓝色的线条填描轮廓，左右侧各一只采用浅浮雕手法勾勒出的卷草纹龙形象，并辅以金色的彩绘，显得更加立体、生动。

3. 额枋

额枋是中国古代木结构建筑中连接檐柱的构件，它的主要作用是承托上部斗栱。额枋位于建筑物最明显的部位，是视觉感受的首要对象，所以一般都会对其进行施彩雕塑，把它作为装饰的突出部件。

高家堡古镇大多数民居的额枋部分未进行装饰，保留了大门上木枋原本的外形、色彩，但也不乏如十字上巷王家窑院大门上的额枋装饰那样的精美作品。额枋两端浮雕如意纹与铜钱，借此寄托如意顺心与希冀财运、富贵的意愿；在额枋中央雕刻如意纹、祥云包裹黄牛的图案，黄牛作为无私奉献、勇武倔强的象征，在此有勤劳致富、风调雨顺的美好寓意；在黄牛图案两侧分别采用透雕手法雕狮子与莲花、

图 9-28　十字上巷王家窑院额枋

图 9-29　财神庙彩绘额枋

图 9-30　中兴楼彩绘额枋

图 9-31　城隍庙彩绘额枋

图 9-32　城隍庙巷口牌楼额枋

狮子与牡丹，两枝花朵花瓣清晰、层次分明，立体感极强，狮子图案形象生动，表达了富贵平安、事事如意的美好憧憬。匾额上方一条带状的"卐"字纹图案贯穿，作为代表吉祥的符号，"卐"字纹有辟邪趋吉、吉祥如意的寓意。

　　古镇中城隍庙、财神庙和中兴楼三处公共建筑的匾额均使用彩绘图案，未做雕刻处理，而城隍庙巷口牌楼的额枋结合了雕刻与彩绘手法，造型丰富、多样。额枋上浮雕草龙纹，头部为龙形象，身体为蓝色和红色交织的卷草图案，塑造了抽象的龙图案，与中央八卦图案呼应，形成"双龙戏珠"之势，表现祈求吉祥、喜庆丰收的美好希冀。在额枋最上方，雕刻如意纹为轮廓，内部蓝色、绿色的祥云缠绕金色的"八仙法器"，有期盼神明相助的寄托和渴望吉祥的憧憬。

图 9-33　中兴楼象形斗栱

图 9-34　城隍庙象形斗栱

4．斗栱

斗栱是中国传统建筑特有的构件，位于柱与梁之间，主要有四大作用：承载屋顶重量、增加梁柱之间的距离、装饰以及抗震，由方形的斗、升，矩形的栱，斜的翘、昂等部件组成，是建筑物的柱与屋顶间的过渡部分。

斗栱在高家堡古镇中有两种表现形式，一种是传统的斗栱样式，二是将传统斗栱形式意象处理后的带有如意纹、花草纹的木质构件。前者多在公共建筑中使用，后者多见于民居。

公共建筑上传统样式的斗栱在保留实用性的基础上极大地发展其装饰功能，整体采用彩绘装饰，用色彩来强化轮廓线条，色彩艳丽，

图 9-35　西门寺双层斗栱

给人强烈的视觉冲击感。斗栱的翘、昂部位一般雕刻成如意纹或象头样式，象征吉祥如意。

西门寺正殿的斗栱共有两层，样式非常特殊。其上层的斗栱为建筑实用构件，起承重功能；而下层的则为没有实际的承重功能的"假斗栱"，为纯粹的建筑装饰构件。斗栱向外伸出的假昂雕刻成龙头形象，龙头两侧的假栱雕刻成如意祥云，构成一幅神龙遨游云海的图案，镇宅辟邪，象征如意吉祥。

西南二道巷韩家大院、同心下巷张家大院等大户人家院落在其门头偏爱传统样式的斗栱结构，借此展现身份与地位。西南二道巷韩家大院斗栱装饰在古镇民居中最为精美，原本彩绘的颜色依稀可见，两个斗栱之间透雕仙人形象立体生动，两端透雕的牡丹图案枝叶纹路清晰。同心下巷张家大院大门的斗栱保留传统样式，在翘、昂之上雕刻如意纹，并在坐斗上增加雕刻的卷草，给原本刻板的斗栱增加了生动的气息。

图 9-36　西南二道巷韩家大院门楼斗栱

图 9-37　同心下巷张家大院门楼斗栱

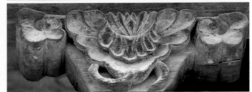
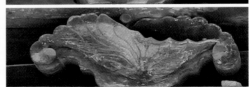

图 9-38　新样式简化斗栱

传统民居中新型样式的斗栱比较常见，如意形状雕花纹木质构件代替了复杂的传统斗栱结构，兼具实用与美感，美观大方，让门头显得简约、活泼，平添了几分亲切感。

在新样式造型的斗栱中，位于西南二道巷内韩家大院门楼的斗栱最为精美，特别采用透雕手法刻祥云造型支撑起斗栱的结构，祥云环绕之中有一只回首眺望的鹿。斗栱的整体细节刻画细腻，祥云线条流畅，生动地展现了一幅"祥云傍神鹿"的画面，寓意吉祥与财运亨通。

5．垂柱

垂柱是指下部悬空，垂在半空的木柱，上端功能与檐柱相同，用于垂花门或牌楼门的四角。

高家堡古镇中垂柱现存数量较少，同心下巷张家大院门楼的垂柱保存最为完整。大门两侧垂柱互相对称，造型相同，垂柱上部为四棱柱形状，正面雕刻菊花图案，下部为莲花台造型，在莲花台下端即垂柱的最下沿雕刻一个蟠桃，两个垂柱呈深褐色，木质浑厚，与花板交相辉映，呈现古朴厚重的

图 9-40　同心下巷张家大院垂柱　　　　图 9-41　十字上巷呼家窑院垂柱

187

气息。十字上巷呼家大院垂柱结构已经变形，表面花纹也历经沧桑，但仍能看出莲台与蟠桃造型的生动逼真。

6. 匾额（木刻）

匾额是悬挂于门上方、屋檐下的木板，起装饰作用，一般在其上雕刻文字表示建筑物名称或性质，也通过雕刻的文字表达人们的品格、信仰、情感等。匾额是中国传统建筑的精髓所在，也是建筑物的"门脸"和"眼睛"。横着的叫匾额或牌匾，竖着的叫对联，或抱柱"瓦联"。

匾额相对大门结构比较独立，多为悬挂式，保存比较困难，所以古镇中现存的木质匾额十分罕见。位于城隍庙正殿的匾额上书"赏善罚恶"四个金色大字，红底相映，蓝色边框上雕刻"双龙戏珠"祥云图案。无论牌匾内容，还是颜色的搭配都与城隍庙内整体氛围相协调。

西门寺门楼上悬挂的匾额为竖匾，用金色字体自上而下题有"大兴寺"三字，边框采用浮雕手法，上方雕"双龙戏珠"图案，左侧、右侧及下方均雕刻盘龙与祥云图案，五条"神龙"通体彩绘为金色，张开的大嘴为鲜红色，形态夸张，呈张牙舞爪的姿态。

与公共建筑造型精美的匾额不同，高家堡古镇民居的匾额大部分都相对简易。东大街卢家大院门头悬挂的寿庆横匾，黑色的木板上题金色的"五世同堂"四个大字，右侧书写一列"卢宜春大人八十三岁寿辰"文字，表明了此匾额的来历；左侧所书的一列小字为立匾额的

图 9-42　城隍庙匾额

图 9-43　东大街卢家大院寿庆匾

图 9-44　西门寺门楼匾额

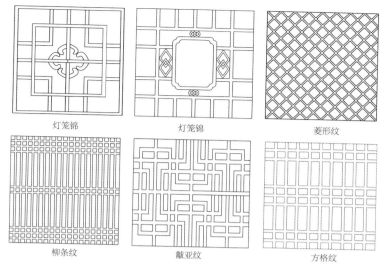

图 9-45　高家堡格扇装饰纹样

时间；在匾额偏下方位置罗列了寿庆主角——卢宜春的子孙后代的姓名。整块匾额风格朴素、简单，采用常见的黑底金字搭配，没有多余的装饰，是民居牌匾典型的代表。

7. 格扇

格扇是古建筑中用于分隔室内外的构件，位于建筑物的金柱或檐柱间的框槛中。框槛中的门窗、横坡都是格扇，只不过门窗可以开闭，横坡则是固定的，仅起采光、通风作用。

高家堡古镇内门窗格扇样式普遍较为简单，仅在格扇心的位置采用棂条装饰，在裙板和绦环板部位鲜有装扮。因此，格扇的纹样丰富，常见的有灯笼锦、方格纹、柳条纹、黻亚纹、菱形纹等。

杭家楼院中窑洞格扇门窗保存比较完整，汇集多种纹路图案，体现高家堡古镇格扇装饰之美。窑洞门的位置上采用柳条纹图案，槛窗位置采用灯笼锦造型，天窗处使用黻亚纹，大耳节则选菱形纹图案。门窗格扇在线的使用上丰富多样，垂直、水平、圆弧形状组合使用，形成镂空图案，在保证屋内通风采光的前提下，使门窗美观大方。

图 9-46　十字下巷杭家楼院门窗格扇

　　北二道巷李家大院正房的格扇门样式在高家堡古镇中具有代表性，全部使用木结构制作而成。横披窗使用常见的卍字纹与龟亚纹图案，隔扇门为大尺度的方格纹，格扇窗心为柳条纹样式，整体造型简洁干净。隔扇门四周一圈为帘架，用于悬挂门帘，冬季挂棉门帘防风御寒，夏季挂竹门帘通风隔热，并且缩小了门的开启面积，方便人们使用。同心下巷刘家大院正房的帘架造型丰富、精美，在高家堡古镇中比较少见。帘架两侧下方位置浅浮雕宝瓶、日月图案，上方采用透雕手法雕仙桃、花卉、神兽等形象，在帘架最上方的横框两端雕刻龙头，整个帘架采用多种吉祥寓意图案，在美化格扇门窗的同时也表达了美好的心愿。

　　同心下巷郭家窑院内有两处格扇保存较好，尤其是其格扇心的装饰构件保留完整。格扇心均为灯笼锦样式，在中央的长方形木框外加两两相扣的圆形、菱形以及如意卷草纹木刻饰品，寓意好事成双。

　　高家堡古镇中漏窗的样式也丰富多样。漏窗通常规格较小，位置较高，位于屋檐之下，可有效解决室内通风问题，形式有圆形、方形等，为单调高耸的墙面增添了多样性。

图 9-47　北二道巷李家大院门窗格扇

图 9-48　同心下巷刘家大院帘架

图 9-49　同心下巷郭家窑院格扇心灯笼锦造型

图 9-50　高家堡漏窗样式

（三）砖石

1. 影壁

影壁，又名照壁，是用于遮挡视线，营造院落静谧氛围的特殊墙体。影壁可分为两种：位于大门内称为内影壁，位于大门外称为外影壁。

高家堡古镇中建筑由于时间久远、饱受自然力量的侵蚀以及人为的破坏，现存的影壁数量较少，且保存完整度不高。位于西大街高家园子内的一处影壁结构保留较好，壁顶、檐口、壁身、壁座结构未受破坏，但壁心的雕刻图案已无迹可寻。壁身使用方砖拼接，完整素面。壁顶采用硬山屋顶样式，正脊上有浮雕，两端设吻兽，檐口有滴水，并用方砖砌成斗栱样式。

同心下巷张家大院外影壁结构破坏较为严重，壁顶、檐口已不复存在，壁身、壁座破损，壁心所雕刻的"福"字却清晰可见，笔法行云流水，暗含龙头形象，寄托了户主对美好生活的憧憬。

图 9-51　西大街高家园子影壁

图 9-52　同心下巷张家大院外影壁

2. 墀头

墀头位于房屋的山墙之上，是山墙在檐柱之外的部分，承担着屋顶排水和边墙挡水的双重作用，整体看来像房屋昂扬的颈部，是中国传统建筑外立面重要构件。墀头的装饰风格简繁不一，有的素面无雕刻装饰，只叠合多层混线。而复杂的墀头装饰则基本涵盖了中国传统文化中各类吉祥图案，一个院落的墀头图案往往取材于同一类吉祥图或同一组人物故事，具有明显的连贯性和统一性。

高家堡古镇民居中墀头的形式分为四个部分：戗檐、盘头、上身、下碱。戗檐为墀头上端向前倾出的挑砖，古镇中的民居多在此部位进行装饰，通常在其上雕刻具有象征意义的图案，如梅兰竹菊等象征美好寓意的植物，还有大象、仙鹤等代表吉祥的动物。墀头的精美程度与大门的规格、门头部位的其他装饰相互协调呼应。

西南二道巷刘家大院正房两侧墀头样式精美。西侧墀头雕刻牡丹花图案，花瓣肆意开放，枝叶清晰、生动，寓意花开富贵；东侧墀头雕刻仙鹤和兰花图案，仙鹤羽毛纹路立体，栩栩如生，象征长寿、富贵。

图 9-53　高家堡常见墀头样式

图 9-54　西南二道巷刘家大院正房墀头

图 9-55　西城巷"德成栈"院墀头

　　西城巷"德成栈"院大门墀头对称雕刻了"狮子滚绣球"图案，浮雕尺度大，图案立体，狮子面相凶猛，毛发纹路清晰可见，面部五官生动，狮子的形象刻画得活灵活现。"狮子滚绣球"在此寓意厄运退散，好运降临。

3. 门枕石

　　门枕石别名门礅、门座、门台、镇门石等，因其雕成枕头形或箱子形，所以叫门枕石，广泛运用于中国传统民居，一般位于四合院大

图 9-56　高家堡古镇立方体门枕石

图 9-57　西城巷
9 号民居门枕石

门底部，支撑门框、门轴。它的功能作用区分为两部分：门内是承托构件，门外是平衡构件。

　　高家堡古镇门枕石样式比较单一，多为立方体天然石材制成，因时间久远，在风雨侵蚀和人为破坏下，表面雕刻图案已比较模糊。西城巷 9 号民居大门前门枕石保存较为完好，分为上下两个部分。下部雕刻如意纹图案；上部雕刻劲松、葡萄与鹿，劲松象征坚忍不拔的品质，葡萄寓意多子多福，鹿与"禄"同音，代表仕途顺利、官禄至贵。户主借门枕石表达了自己对美好生活的希冀。

4. 柱础

　　柱础在中国建筑中的应用由来已久，起初垫于木柱之下，一是使木柱落于更为坚固的石材之上，二是避免潮气直接侵蚀木柱。随着传统建筑的不断发展，柱础衍变成为具有装饰性的构件。

　　高家堡古镇的柱础均为圆鼓式，有些柱础经过人工打磨后形状规整，有些柱础直接选择天然石块，形状不太规整，近似为圆鼓式。"德成栈"院大门前柱础为莲台造型，唐朝《诸经要集三宝敬佛》记载："故十方诸佛，同出于淤泥之浊，三身正觉，俱坐于莲台之上。"莲台为佛门典型标志，象征洁身自爱，出淤泥而不染。

图 9-58　高家堡常见圆鼓式柱础

图 9-59　"德成栈"院大门柱础

图 9-60　同心下巷刘家大院柱础

同心下巷刘家大院大门前柱础为标准的圆鼓式，且雕刻成圆鼓形态，鼓身高挺饱满，采用浅浮雕，刻画出鼓皮、鼓身、鼓钉，形态生动、真实。

5. 神龛

神龛，在这里特指雕刻于建筑墙体上放置道教神仙塑像的小阁，尺寸规格不一，视神的数量及墙体情况而定。

高家堡古镇中在建筑墙体上的神龛数量比较稀少，大多数人家会在屋内设置木质神龛。二道巷南王家大院入口位置的墙面上雕刻神龛，呈拱形，其上部嵌入一块石板，雕刻"永佑一方"，借此祈祷神明的庇

图 9-61 二道巷南王家大院神龛　图 9-62 北城上巷 9 号民居神龛　　图 9-63 十字上巷王家窑院神龛

佑，其内放置"土地之位"符文。北城上巷 9 号民居神龛形式简单，在墙面砌出长方形的空间放置"天地之位"符文，祈求保佑。

十字上巷王家窑院有两个楼阁形式的神龛，采用雕刻手法在墙体上刻出楼宇样式，吻兽、屋脊、墀头、斗拱、瓦当、滴水等建筑构件一应俱全，在细节处理上十分精美，细微的花纹清晰可见。其中一个神龛的底座为圆墩台，在"门柱"上雕刻"土中生白玉，地内出黄金"的"门联"，"匾额"上雕刻"镇中央"，与中兴楼相呼应，内部供奉"土地之位"神符；另一神龛"门联"雕刻"天地通元气，神明顺吉人"，"匾额"上书"育万物"，底座两侧刻小石狮，中间在三角形底衬上刻有菊花，内部供奉"天地之位"神符。

6．匾额（石刻）

石质匾额为镶嵌在建筑物墙体上题字的石板，相对于木质匾额更易保存。高家堡古镇中兴楼上的五块石刻匾额最具代表性，四个方向的门洞分别镶嵌石额，东书"中兴楼"、南书"镇中央"、西书"幽陵瞻"、北书"半接天"，顶楼北壁砖雕"玉皇阁"，所刻字迹风格各异，有的灵动飘逸，有的硬朗苍劲。

图 9-64 中兴楼东侧"中兴楼"匾额

图 9-65 中兴楼南侧"镇中央"匾额

图 9-66 中兴楼西侧"幽陵瞻"匾额

图 9-67 中兴楼北侧"半接天"匾额

图 9-68 中兴楼"玉皇阁"匾额

（四）其他

1. 建筑彩绘

建筑彩绘是一种建筑装饰的形象艺术，其具有特殊的表现功能，在建筑装饰上具有重要的地位。它的题材多样，形象生动、内容丰富，结合了可观性、实用性，不仅在外观上赋予建筑新的审美，同时也通过油漆保护了建筑表面，为建筑抵挡风吹日晒，延长了建筑的使用寿命。

高家堡建筑彩绘历史悠久，在明清时受封建等级制度的约束，庙宇建筑、地方府衙以及大户人家等建筑多使用地方彩画，一般结合建筑构件的雕刻纹理进行点缀、装饰。另外，在额枋、梁柱等部位多绘制龙纹、如意纹等图案，以祈求如意平安。财神庙、城隍庙等公共建筑的现状彩绘均为近期修缮时所绘，延续了高家堡传统彩绘的风格。

明清时期的建筑彩绘由于氧化、风吹日晒等因素的影响，保存困难。高家堡古镇明清时期建筑彩绘仅在部分建筑中依稀可见，可以通过斑驳的色彩发现建筑彩绘之美。

图 9-69　西城巷"德成栈"院门梁彩绘

2. 铺首

铺首是指建筑大门门扉之上环形的饰物，有去灾辟邪的寓意，是中国传统建筑常见装饰构件。

高家堡古镇铺首多在民居建筑出现，均为铁质，大概可分为三类：第一类为兽面铺首，数量较少；第二类为如意纹形状的铺首，此类数量较多；第三类为简单圆形铺首。

财神庙大门的兽面铺首，由于时间久远，颜色已经变得暗淡。圆形的底座上回形纹环绕一周，中央凸起狮子头像，怒目圆睁，露出锋利的獠牙，口衔圆形门环，有"兽面衔环辟不祥"一说。"狮子"的额头、脸颊、鼻子饱满圆润，增添了兽首的立体感；毛发的纹路清晰，处理细腻，轻盈灵动；怒睁的眼睛生动传神。整个铺首细节的处理十分精致传神，"狮子"的形象威严又不死板，生动又不失庄重。狮子作为中华民族的吉祥神兽，代表了英勇与能量，寓意平安吉祥、生生不息。

西南二道巷韩家大院为如意纹形铺首，保存完整，铺首中央鼓起的半圆球上衔圆形门环，四周辅以如意纹图案，在下方点缀月牙形铁片，防止门环直接接触门板，也可增强叩击门环的声音。

图 9-70　如意形铺首

图 9-71　圆形铺首

图 9-72　财神庙兽面铺首

图 9-73　西南二道巷韩家大院铺首

第十章　古镇保护

图 10-1 中兴楼（摄影：大雄）

一、保护历程

回顾高家堡镇的保护历程，大致可分为三个阶段：

（一）第一阶段：申报文物保护单位（2012 年之前）

通过申报文物保护单位对重要的历史遗存进行原址保护。1988 年
7 月，中兴楼被神木县人民政府公布为县级重点文物保护单位。2008
年 9 月，高家堡古城被陕西省人民政府公布为第五批省级重点文物保
护单位，核心保护区是城墙四周各延伸 40m，建设控制地带是在核心
保护区基础上四周外延 10m。这一阶段，高家堡的保护工作以文物古
迹、历史建筑、传统民居保护修复、古建筑修缮为主，目的在于确保
文物古迹原真性。

（二）第二阶段：历史文化名镇保护制度逐步建立（2012~2019 年）

2014 年，高家堡镇被列为中国历史文化名镇，标志着高家堡的保护工作迈入历史文化名镇制度逐步建立的阶段。

2012 年，《高家堡文化旅游古镇建设规划（2012—2020 年）》提出分级保护的原则，通过划定核心保护区、风貌控制区、协调发展区构建三级保护体系，对重要节点和重点片区提出保护措施，并强调了古镇整体风貌保护的具体要求。

2013 年，高家堡镇着手开展国家历史文化名镇申报工作，《高家堡历史文化名镇保护规划》编制完成。规划对镇域内的历史文化遗产进行梳理和价值评估，确定保护对象为"两山、两河、一川、四区、八廊"，并结合古镇价值特色及自然环境特点，划定核心保护区、建筑控制区、环境协调区三个保护分区，奠定了名镇保护的总体格局。

2017 年，《高家堡镇总体规划（2017—2030 年）》坚持保护为主、合理利用的原则，通过划定历史镇区范围及保护区划，保护高家堡古城山水格局、历史街巷、重要建筑和非物质文化遗产。

（三）第三阶段：整体性保护（2019 年至今）

2019 年，陕西省住房和城乡建设厅会同陕西省文物局印发《2019 年全省历史文化名城名镇名村保护工作实施方案》，提出积极开展普查核查与申报工作、按时完成保护规划编制、切实加强保护措施、做好历史文化遗产保护"季报督查"和长效管理工作四方面的任务要求。

按照文件要求，2020 年，《高家堡历史文化名镇保护规划》编制完成，标志着高家堡的保护进入整体性保护阶段。规划从物质文化遗产和非物质文化遗产两个类别出发，构建镇域、古镇区、历史街巷、文物保护单位和历史建筑四个保护层次，形成全面系统的保护体系。

同年，高家堡镇人民政府同步组织编制完成《高家堡镇乡村振兴系列规划》，同样强调了全镇 36 个村庄的文化保护与振兴，严格遵循

"保护传承、振兴乡村"的要求，探索乡村文化振兴的特色路径，完整地保护了高家堡镇域的历史文化信息。

二、科学保护

（一）构建全域全要素保护体系

结合高家堡资源要素特征，实行分层分类保护，实现全镇域覆盖全要素保护的目的。物质遗产方面，镇域主要包括自然要素、传统村落、长城遗址；镇区主要包括整体格局、历史街巷、建筑院落、视线通廊；文物古迹主要包括文保单位、不可移动文物、历史建筑、古树名木。非物质遗产方面主要包括非物质文化遗产、历史人物、历史事件、地域文化等。

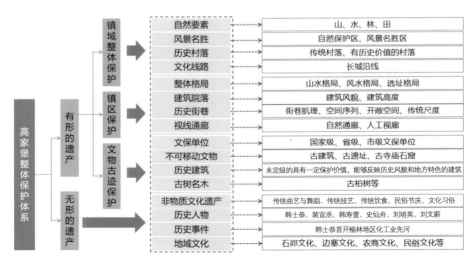

图 10-2　高家堡历史文化名镇保护体系

（二）确立历史文化保护框架

1. 镇域保护框架

高家堡镇的保护格局可概括为：一城一峁一村、一轴一带多点。

一城：指高家堡古镇。主要包括古城墙、城门、街巷、民居院落、中兴楼等。

一峁：指石峁遗址。主要包括皇城台、内城、外城等。

图 10-3　高家堡镇域保护格局图

一村：指瑶湾村。该村位于镇域西北角，村内民居多是石窑，远看错落有致，极具特色，建议申报省级传统村落。

一轴：指沿秃尾河形成的南北生态轴，是镇域重要生态景观廊道。

一带：指长城沿线形成的东西文化遗产带。主要串联起镇域内战国秦长城遗址，明"大边""二边"长城遗址。

多点：为镇域内的其他有保护价值的不可移动文物点。以虎头峁伏智寺石窟、永兴寺石窟、观音殿、龙王庙等为代表。

2. 镇区保护框架

基于保护历史山水格局，保护自然文化空间的出发点，高家堡镇区保护框架可归纳为：四山两河、一川八廊、多庙窟，即将高家堡古镇外围的山体、水体、农田、庙宇纳入保护内容，保持历史环境的完整性。

（1）"四山两河"——山水形胜保护措施

山体：古镇被东西两山环抱，东侧有叠翠山、兴武山、土旺山，西侧为龙泉山。禁止随意改变山体形态和自然植被种类及覆盖范围，尤其是东西两侧从北至南沿线山体组成的第一重山脊线，保护景观视线通廊。严格控制山体上的建设活动，保持现有视线通廊通透。

植被：遵循因地制宜、因景制宜的原则，加强植树造林及退耕还林，强化山体小生态系统循环。

水系：秃尾河、永利河的河道流向、断面形式均要保持传统风貌，不得随意改变，沿河修建的各类设施不得破坏两岸传统风貌，禁止填埋河道。要及时清理岸壁，疏通河道，保持水质清洁。

（2）"一川八廊"——特色轴线保护措施

川道：农田是高家堡古镇重要的历史环境构成要素，也是整个川道占地面积最大的构成要素。高家堡古镇为军事寨堡，后方自给军粮，满足屯耕的要求，是当时城市选址的一个重要要求。高家堡南面地势平坦宽阔，在山水环抱中有温润的地理小气候，十分有利于耕种。这样农田也成为高家堡古镇重要的历史环境构成要素。保护古镇南侧农田，不得随意改为建设用地。

视线通廊控制：

①天际线的保护：高家堡古镇为军事寨堡，其山体为天然防御系统。严禁改变山顶制高点的地形地貌。

②视线通廊的控制：视线通廊是标志性历史景观之间保持通视的前提条件，也是体验历史文化名镇风貌的重要景观通道。视线通廊控制的目的是确立高家堡古镇观景点之间的呼应关系，突出和强化历史风貌以及标志性景观。

③特色轴线的控制：高家堡古镇所形成的南北向轴线与正北方向成36°夹角，恰与叠翠山—秃尾河河滩形成通视轴线，而东西向轴线与东西两个山顶的连线基本平行，这条轴线也应重点保护。

（3）"多庙窟"——天人合一保护措施

古城周边寺庙、石窟与古城的演变发展息息相关，是历史镇区的重要组成部分。重点保护东山石窟、兴武山庙群、龙泉寺等现存寺庙石窟，严格按照文物保护要求进行修缮维护，清理周边不利于文物安全和环境品质的现状建设。同时，对现状已毁、历史存在过的寺庙遗迹清理保护，未来可根据考古研究成果，以复建、标识等多种方式进行展示。

（三）加强空间分区管控

结合高家堡镇区自身的价值特色及自然环境特点，将保护区划分为两个层次，即核心保护区和建设控制地带，并分别提出保护原则和建设要求。

1. 核心保护区

包括高家堡古镇、兴武山庙群、东山石窟的核心保护区。该范围内严格保护历史风貌，整治与历史风貌有冲突的建（构）筑物和环境要素，维持整体空间格局和尺度。除必要的基础设施和公共服务设施外，不得进行新建、扩建活动。其保护主要遵循以下原则：

（1）对文物保护单位要原物保护，按照国家有关文物保护的法律、法规的规定，予以保护修缮。

（2）对历史城区要原貌保护，保持古街巷原有的空间尺度。针对质量较差的片段，坚持以"微循环""有机更新"的方式予以更新保护，对于不协调的建筑集中地块，应小范围予以整体改造，并注意街区整体肌理的延续，外观上与历史风貌协调。有特色的历史建筑的整治，其体量组合、内院界面形式和外观样式，必须符合传统形制，但允许内部改建，增加现代设施和改善内部设施。

（3）对兴武山庙群、东山石窟的核心保护区范围内要严格控制建筑物、构筑物的建设，保护山体和地势的原貌。

2. 建设控制地带

包括高家堡古镇、兴武山庙群、东山石窟的建设控制地带。在该范围内各种修建性活动应在规划、管理等有关部门同意并指导下才能进行，严格控制建筑的形制、高度、体量、色彩及材料，以取得与保护对象之间合理的空间景观过渡，对于核心保护区具有功能补充、文脉整合、协调发展的作用。具体措施主要遵循以下要求：

（1）高家堡古镇建设控制地带建筑形式以灰色传统坡屋顶为主，体量宜小不宜大，色彩以黑、白、灰为主色调，最大建筑高度为2层；对任何不符合上述要求的新旧建筑必须搬迁和拆除，近期拆除有困难的都应改造其外观和色彩，以达到与环境的整体协调统一，远期应搬迁和拆除。

空间分区管控表　　　　　　　表 10-1

分区	对象	范围
核心保护区	高家堡古镇	城墙四周各延伸 40m，面积约 18.24hm²
	兴武山庙群	东至东山门内，南至平台南墙外，西至平台墙一线，北至北墙以内，面积约 0.83hm²
	东山石窟	石窟范围以内，面积 2.92hm²
建设控制地带	高家堡古镇	城墙四周各延伸 50m，面积约 1.76hm²
	兴武山庙群	东至重点保护区外延 200m，西至重点保护区外延 20m，南至重点保护区外延 150m，北至重点保护区外延 150m
	东山石窟	东至土旺山，南至马王庙沟，西至居民区，北至居民区

（2）对兴武山庙群、东山石窟建设控制地带范围内要限制建筑物、构筑物的建设，保护山体和地势的风貌。

三、有效传承

高家堡古镇的保护与发展应秉持整体保护、人与自然和谐共存的理念，全面推动实现"全域全要素保护传承、自然与人文遗产一体化保护、可持续高质量发展"的保护发展目标。

（一）名录体系建设

1.定期组织资源调查

定期组织开展镇域非物质文化资源普查，寻访了解相关历史的老人，收集口头流传的历史资料，并编写成文字资料，运用文字、录音、录像、数字化多媒体等各种方式进行真实、系统和全面的记录，对境内非物质文化资源及时做好登记造册，建立项目档案，全面系统了解和掌握镇域资源的种类、数量、分布状况、保护和生存环境及存在问题，对濒危或有重要利用价值的非遗项目实施重点调查和登记，妥善保存调查数据、资料，建立非物质文化遗产档案和数据库，对项目数据实现图、文、音、像四位一体的数字化资料著录，加强调查成果的运用。推进大数据在普查中的应用，提高普查数据采集处理效能。

2.完善项目管理机制

加强非遗保护管理制度建设，进一步完善代表性项目名录体系，构建以市县级名录为基础、省级名录为主体、国家级名录为重点的梯次结构。明确政府相关部门和保护单位责任，建立健全非遗项目监督、检查和退出机制，定期开展项目存续状况评测和保护绩效评估工作。积极做好各级代表性项目推荐申报工作。对各级代表性项目和代表性传承人进行记录，对濒危的、有重要价值的代表性项目实施重点记录，

人文环境和非物质文化遗产现状调查及评价表　表 10-2

人文历史文化分类	编号	文化现象	现存状况评价	在本地区的重要性（特色性）
民间曲艺	1	酒曲	较完整	优
	2	二人台	较完整	优
	3	唢呐	较完整	优
	4	晋剧	较完整	良
	5	道情	较完整	良
民间舞蹈	1	抬灯官	濒危	中
	2	霸王鞭	濒危	良
	3	火塔塔	较完整	良
	4	九曲灯游会	较完整	良
民间手工艺及生产商贸习俗	1	面花	较完整	优
	2	炕围画	濒危	良
	3	剪纸技艺	濒危	良
	4	雕刻技艺	濒危	良
	5	手工地毯制作技艺	较完整	优
	6	柳编	濒危	良
	7	旋饼	较完整	良
	8	肉粉汤	较完整	中
	9	手工挂面	较完整	优
民俗节庆	1	正月初一的元旦登高会	较完整	良
	2	正月十三至十六的元宵节大会	较完整	良
	3	二月初三的文昌庙游艺会	较完整	优
	4	二月十九的中兴楼法会	较完整	优
	5	五月初五的端阳节法会	濒危	良
	6	五月十一的城隍庙大会	濒危	优
	7	五月廿五的龙王庙大会	消失	中
	8	六月十三的马王庙大会	消失	中
	9	七月十三的西门寺大会	濒危	良
	10	九月十七财神庙大会	较完整	良
	11	腊月初八的南门寺法会	消失	中
文化习俗	1	宗教文化	濒危	良
	2	晋商文化	消失	中

对非遗代表性传承人逐步实施全面记录。做好记录成果的保存和公开，进一步促进社会依法科学利用。

（二）保护体系建设

1. 加强分类保护

根据项目存续状况和发展现状，分类开展抢救性保护、记忆性保护、传承性保护和文化生态整体性保护，有效改善存续状况，增强生命活力，切实推动振兴发展。做好传统医药类非遗项目的传承创新发展工作，创新传承发展模式，拓展受众群体，使其"活起来，传下去"。

（1）民间曲艺与舞蹈的保护与传承

通过规划开辟民俗文化展示和民间演出点，对酒曲、二人台等民间曲艺非物质文化遗产进行保护、传承与展示。

（2）民间手工艺的保护与传承

民间手工艺主要是指手工地毯制作技艺、柳编、剪纸、炕围画等极具代表意义的民间艺术，通过开辟特色手工业作坊展示点对传统生产工艺进行展示，恢复部分传统商店对传统手工艺品进行展示与售卖等形式，保护和传承民间手工艺非物质文化遗产。

图 10-4　民俗节庆
（摄影：大雄）

（3）民俗节庆的保护与传承

结合规划与旅游，于重大节日（如春节、元宵节、端阳节等），在街区中开展特色民俗活动，延续与传承民俗节庆活动，逐步将"高家堡古镇"变成神木市民俗文化展示的中心。

（4）民间商贸习俗的保护与传承

清末民初，高家堡古城内商铺林立，号称百家，大部分商铺坐落在南街和东西两街，也有些商铺分散在小街窄巷之中。商家浸濡晋商之风，重视商风行规，谨行公心。结合规划，将南大街和东西两街逐步恢复为传统商业文化街区，为传统商业的传承提供平台。

（5）传统宗教文化的保护与传承

保留并保护现存宗教文化及其物质传承载体，包括对西门寺、财神庙、城隍庙等的保护与整治。

2. 完善保护队伍建设

进一步规范代表性传承人推荐、认定与管理工作，强化代表性传承人在保护传承中的主体性作用。注重对非物质文化遗产传承人的培养和保护，推进师徒传承、群体传承、家庭传承、学校传承等多种形

图 10-5　恢复传统商业区

式的传承活动。优化传承人结构，增大中青年传承人比例，完善四级传承人梯次配备。采用竞赛、挂牌等多种方法，逐步建立科学有效的非物质文化传承机制，使非物质文化遗产在流传中发展。

四、永续发展

（一）大力传播特色非物质文化

1. 夯实非遗发展基础

依托神木市政府和神木市博物馆等组织的支持与合作，利用现有公共文化设施、党建活动中心，建设免费开放的非遗传承体验中心（室），扶持非遗项目保护单位和传承人建设专项非遗展示体验馆、传习中心（所）。鼓励行业协会、旅游景区、企业等建设各具特色的非遗传承体验设施，并逐步规划建设融传承、保护、展示、体验、旅游等功能于一体的高家堡非遗馆，与非遗项目保护单位、传承人开展合作，推动共建共享；融入现代科技手段，同步建成数字非遗展厅，增强传承体验效果；免费向居民及游客开放，提高民众的参与感、幸福感和获得感。

对集体传承、大众实践项目，探索认定代表性传承团体（群体）。建立代表性传承人履行传习义务情况考评机制，健全、完善非遗传承人动态管理、退出和保护激励机制。重点加强青年传承人培养，推动传统传承方式与现代教育体系、现代生活方式相结合。通过政策倾斜、市场引领和职业培训，吸引年轻人尤其是高家堡镇本地青年自觉投入到非遗保护传承工作中来，为他们提供切实可行的支持，营造良好的成长环境。

为非遗工作者创造继续再教育条件，提升业务能力。在专家学者、非遗传承人、非遗保护工作者等专业人才中，组建一批熟悉非遗项目保护传承规律和需求、懂专业、善管理、实干敬业、结构合理的高素质保护工作团队，全面参与非遗的调查、保护、传承、督查、评审及验收等工作，促进非遗保护利用和传承发展工作上台阶。

2. 全面保护传承非遗文化

（1）复活传统业态

深入挖掘高家堡动人事迹，建设以高家堡文化为主题的民俗博物馆，兼具文化大院及旅游展示的功能。

重视传统地名、街巷名、特殊地段、公共建筑以及民间院落名称的传承，新区道路、街坊以及重要公共建筑的命名应体现当地的特色。

培养非物质文化产业，建设高家堡手工艺品制作和展示中心。扶持民间艺术特别是手工艺生产企业走向市场，吸引工商企业家投资开发非物质文化遗产企业，促进非物质文化遗产产业化发展。

（2）鼓励全社会参与非遗传播体验

支持社会各界开展非遗传播。适应媒体深度融合趋势，推动主流媒体加大对非遗传播的力度。对接神木市文旅宣传，发挥微博、微信、短视频、直播等新媒体优势，丰富传播手段，提高神木市非遗的可见度和影响力。

支持非遗特色品牌活动。参与支持办好"神木非遗学堂"等特色品牌活动，有效提高活动的传播质量、聚合效应与品牌效果。同时引导高家堡本地开展一批质量高、影响大、反响好的特色活动，提品位、增品质、树品牌，有力拓展神木非遗的内涵和外延。

支持推动非遗艺术呈现的转化。利用多部影视作品取景地的热度，大力宣传高家堡镇特色，支持创作本地特色文艺精品节目，鼓励与影视公司合作，加强传统音乐、舞蹈与现代艺术创作的结合，推出文化题材的影视剧，打造一批具有高家堡文化特色的文艺精品，在相关融媒体平台播出。邀请一批专家及当地居民参与，在传统文化和非遗方面提供支持。

加大非遗对外传播交流合作。积极推动非遗"走出去"，促进高家堡镇优秀传统文化对外交流与合作。组织相关社会团体、文化企业、传承人参加神木市文化旅游节、石峁文化节等旅游、文化活动。充分运用非遗资源，讲好高家堡故事，传播高家堡声音。

（3）"非遗＋"融合发展

培育壮大非遗经济。推动开发具有高家堡特色和市场潜力的非遗文创产品。积极创建具有典型区域特征的"石峁购物节""陕北非遗体验区"等非遗展、销、传综合网络平台，更好支持高家堡及神木非遗特色产品线上推介销售。鼓励支持传承人利用新媒体技术和平台"直播带货"，引导培育推出一批传承人"网红"品牌。

推动"非遗＋"融入乡村振兴。以非遗工坊建设为抓手，推动非遗助力高家堡乡村振兴，重点引导推动非遗元素融入集精品农业、文化体验、特色乡村旅游于一体的"农文旅"融合发展格局。

（二）文旅融合

1. 盘活老建筑，为古镇注入新动能

（1）利用近现代特色建筑进行文化展示与旅游服务

高家堡古镇至今保持着自明清至近现代完整的建筑风貌，供销社、人民银行、国营饭店、照相馆等近现代建筑具有民国、新中国成立初期典型的建筑形式与风貌特色。建筑相较于传统建筑具有尺度大，使用功能更广泛的特点。因此在古镇的文化展示与利用中，应对其进行保护与合理利用，一方面展示建筑本体的时代特征与古镇历史记忆，另一方面根据建筑特点，结合文化旅游的服务需求，以旧瓶装新酒的形式，植入新的功能、业态，作为文化展览、文化体验、酒店等公共服务建筑，使历史建筑与当代生活相结合，延续其生命。

（2）结合非遗与老字号，恢复传统商业街市

古镇在历史上作为边关商贸集散重镇，明清至民国时期，商业繁荣鼎盛，沿南大街、东大街、西大街店铺林立。结合高家堡丰富的非物质文化遗产，以东大街、西大街、南大街为载体展示古镇传统商业氛围，对街道两侧商业店铺进行修缮、改善，恢复历史上的商业老字号，体现古镇的商贸文化特色。

（3）保护传统民居院落，彰显民居的多元文化和建造技艺

保护修缮传统院落。对古镇内划定的传统院落进行修缮与改善，

作为传统民居进行保护与展示利用，结合文化旅游业态、传统手工技艺、民间曲艺等非物质文化遗产，将传统院落作为展示高家堡多元融合的地域文化和民居建造技艺的文化场所。对15处历史建筑的传统院落进行修缮、改善，并挂蓝牌保护展示。其中，韩家大院、杭家大院、李家楼三处具有代表性的高价值典型院落，作为民居博物馆，展示家族历史、地域传统生活以及民居建造技艺。其他院落结合文化旅游可进行业态植入，作为客栈、餐厅、文创等多元的文化体验空间。

对传统民居的建造技艺进行局部展示与科普。如展示宅院中体现家训家风与书法雕刻艺术的门楣题字，也是家族信仰与权贵的标志的体现。展示体现民居建造技艺的精美构件，如屋脊、斗栱、雀替、柱枋、门饰、窗饰等细部构件。

（4）对消失的历史空间格局进行标识，展现古镇完整职能

官署文化建筑标识展示。都司衙门是古镇明清时期最为重要的官署建筑，现已无遗存。县衙位置现为法院和民居，《高家堡镇志》中对其规模、位置、建筑布局均有详细记述。在对都司衙门位置、空间边界、建筑形制有准确研究结论的基础上，以树立碑牌、绘制简图、制作模型等方式展示历史文化信息，展现古镇作为县城的重要官署职能。

城墙防御体系标识展示。将城墙、城门、城楼进行标识展示，标识城墙的历史信息以及无北门的建城特色。

寺庙建筑标识展示。高家堡镇寺庙众多，民国以来打神拆庙，"文革"中"破旧立新"，于今所存皆已面目全非。现存有中兴楼、城隍庙、财神庙、魁星楼、大兴寺等。高家堡百姓的民间祭祀活动多元而有特色，体现着强烈的地域文化色彩。因此在研究史料的基础上，对高家堡寺庙建筑文化空间的位置予以明确，进行标识展示，彰显古镇的地域特色与民间祭祀文化。

2. 文旅结合，打造展示利用体系

通过对镇域文化遗产的资源特征及价值梳理，围绕史前文化、边关文化、民俗文化、商贸文化、非遗文化等主题，对高家堡镇域历史文化遗产进行系统的阐释。

旅游产品项目			主要依托的旅游景点	文旅发展主题
大类	亚类	产品		
观光旅游	自然观光产品	地表类观光产品	叠翠山	自然风光
			兴武山	
			龙泉山	
			土旺山	
		水域类观光产品	秃尾河	
			永利河	
	人文观光产品	历史遗迹产品	石峁遗址	访古探今 艺术感知 民俗文化 边塞风情 人文考察 文创影视
			长城古墩台、烽燧遗址	
			明长城砖窑遗址	
			女王城和女王墓	
			高家堡古城	
			点军崖秦王点兵遗迹	
			兴武山石壁题刻	
			叠翠山题刻	
			龙泉寺遗址及建寺古碑	
			土旺山千佛洞、万佛洞	
			灰窑山李氏祖茔石雕碑林遗址	
			邱家园则村八卦墓遗址	
			高家堡村悬棺葬石窟遗址	
度假旅游产品	山地度假产品		兴武山	山林度假 修身养性 禅宗文化
			叠翠山	
			龙泉山	
	滨水度假产品		秃尾河滨河休闲带	
			永利河滨河休闲带	
	民居度假产品		古城	
专项旅游	商务（会议）旅游产品		镇区	企业会馆 商务酒店 商务度假区
	考古旅游产品		石峁遗址	文化论坛 研学考察
			古城	

续表

旅游产品项目			主要依托的旅游景点	文旅发展主题
大类	亚类	产品		
专项旅游	宗教旅游产品		兴武山庙群	宗教体验 宗教活动
			叠翠山庙群	
			土旺山（东山）庙群	
	民俗节事旅游产品		石峁遗址	慢城峰会 万佛庙会 节庆民俗 商业集市
			高家堡古城	
			土旺山千佛洞、万佛洞	
	自驾车旅游产品		秃尾河	自驾宿营 休闲农业
			永利河	
			镇区	

（1）助力神木文旅品牌建设，打造神木龙头景区

依托石峁遗址"黄帝故里"文化底蕴，结合"石峁遗址博物馆"建设和"石峁遗址论坛"等，打造"寻根溯源"石峁文化节、"神秘东方"等文化旅游节，包括民俗活动表演、美食大赛、商品展销会等，以"先民们的一天""你眼中的东方魅力"等主题丰富遗址相关活动，结合周边高家堡古镇、兴武山庙群、长城遗址等旅游资源发展古镇体验、民俗感受、休闲度假、宗教探秘等主题旅游，并可邀请具有同样文化底蕴的国内城市前来开展文化交流、文化休闲游，深度融入神木文旅建设，以石峁遗址为核心带动高家堡及神木市的旅游人气，打造神木龙头景区。

（2）展示利用路线

方案一：与周边地区打造精品旅游线路

A.目标市场——关中平原城市群

路线主题：饱览塞上风光，体验特色民俗，一步一景，一景一情。

路线（1）：塞上三日游

红碱淖景区——二郎山景区——石峁遗址文化旅游区——白云山——红石峡景区——镇北台——陕北民歌博物馆。

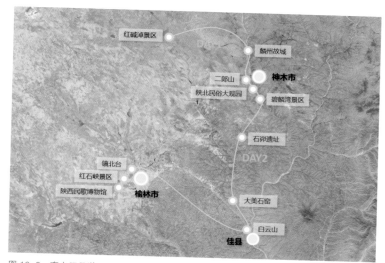

图 10-6 塞上三日游

路线（2）：榆神佳五日游

大柳塔煤海塞罕坝生态旅游区——红碱淖景区——尔林兔大草原——杨业公园——二郎山景区——陕北民俗大观园——碧麟湾景区——石峁遗址文化旅游区——高家堡古镇——菜园沟乡村文化旅游

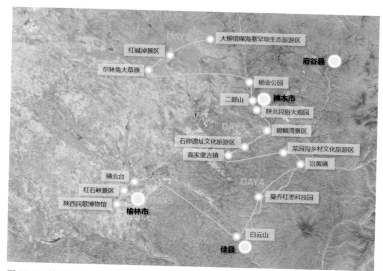

图 10-7 榆神佳五日游

区——沿黄镇——曼乔红枣科技园——白云山——红石峡景区——镇北台——陕北民歌博物馆。

B. 目标市场——呼包鄂榆城市群、兰西城市群

路线主题：深度游览陕北与内蒙古，串联经典旅游景区，体验红色文化、草原文化与黄土风情的碰撞。

路线（1）：延神鄂精品六日游

南泥湾——宝塔山——延安革命纪念馆——石峁遗址——神木古城——红碱淖——麟州故城——二郎山景区——沿黄镇——成吉思汗陵——鄂尔多斯草原旅游区——响沙湾——七星湖沙漠生态旅游区。

路线（2）：延神鄂精品七日游

南泥湾——宝塔山——延安革命纪念馆——曼乔红枣科技园——沿黄镇——菜园沟——高家堡古镇——石峁遗址——碧麟湾——二郎

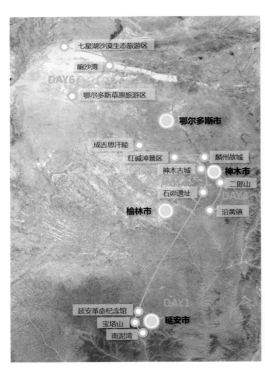

图 10-8　延神鄂精品六日游

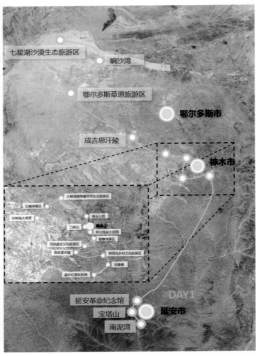

图 10-9　延神鄂精品七日游

山——陕北民俗大观园——杨业公园——大柳塔煤海塞罕坝生态旅游区——尔林兔大草原——红碱淖。

方案二：镇域特色游线，打造"小而美"文旅品牌

访古遗址游线：游客服务中心——秃尾河湿地公园——石峁遗址博物馆——石峁国家考古遗址公园——高家堡古镇——千佛洞、万佛洞石窟——兴武山、龙泉寺庙群。

以石峁遗址公园、石峁遗址博物馆为依托，串联周边历史文化、生态文化景区，通过石峁寻根游、古镇体验游、秃尾河湿地风光游和庙宇古迹游带给游客丰富的文化体验。

生态农业休闲民俗体验游线：沟岔村——瑶湾村——玄路塔村——高家堡古镇——秃尾河湿地公园——乔岔滩——高仁里峁。

以生态观光、乡土民俗、活动体验为重点，依托最具价值的"沙漠＋绿洲"资源打造以生态体验、休闲农业为核心的知名旅游品牌，带领游客沉浸式体验和感受高家堡的风土人情和文化魅力。

长城边塞风光旅游线路：游客服务中心——秃尾河湿地公园——明长城遗址。

定期组织徒步长城遗迹、自然科普等科研、研学活动，追寻长城遗迹，感受壮阔历史，欣赏边塞风光，触摸自然之美。

参考文献

[1] 《陕西四镇图说》（明刊本）[M].

[2] 陕西省神木市高家堡镇志编纂委员会编.高家堡镇志[M].北京：方志出版社，2018.

[3] [明]郑汝璧等纂修，陕西省榆林市地方志办公室整理.延绥镇志[M].上海：上海古籍出版社，2011.

[4] [清]谭吉璁纂修，陕西省榆林市地方志办公室整理.康熙延绥镇志[M].上海：上海古籍出版社，2012.

[5] [清]李熙龄纂修，陕西省榆林市地方志办公室整理.榆林府志·卷六[M].上海：上海古籍出版社，2014.

[6] [清]王致云、朱熏、张琛纂修，陕西神木县县志党史红军史编纂委员会.神木县志[M].陕西省图书馆，1982.

[7] 刘宏煊.中国疆域史[M].武汉：武汉出版社，1995.

[8] 王义康.中国疆域研究回顾与展望[J].中国边疆学，2021（6）：3-20.

[9] 雷钰涵.中国疆域图在高中历史课堂中的有效教学：以统编版《中外历史纲要（上）》为例[D].武汉：华中师范大学，2022.

[10] 陕西省考古研究院，榆林市文物考古工作队，神木县文体局.陕西神木县石峁城址皇城台地点[J].考古，2017（7）：46-56.

[11] 赵腾飞.论石峁城址的防御体系[J].考古发现与研究，2019（3）：22-34.

[12] 钱耀鹏. 中国史前防御设施的社会意义考察 [J]. 华夏考古，2003（3）：41-48.

[13] 陕西省考古研究院. 发现石峁古城 [M]. 北京：文物出版社，2016.

[14] 杨瑞. 石峁王国之石破天惊 [M]. 西安：陕西人民出版社，2017.

[15] 邵晶. 试论石峁城址的年代及修建过程 [J]. 考古与文物，2016（4）：102-108.

[16] 陕西考古研究院，榆林市文物考古勘探工作队，神木县文体局. 陕西神木石峁遗址后阳湾、呼家洼地点试掘简报 [J]. 考古，2015（5）.

[17] 孙周勇，邵晶. 石峁遗址：2015 年考古纪事 [N]. 中国文物报，2015-10-9（5）.

[18] 孙周勇，邵晶. 石峁是座什么城 [N]. 光明日报，2015-10-12（16）.

[19] 秦毅，苏明利. 陕西石峁遗址：深耕遗址价值探索保护之路 [N]. 中国文化报，2021-10-26（8）.

[20] 李严，张玉坤，解丹. 明长城九边重镇防御体系与军事聚落 [M]. 北京：中国建筑工业出版社，2018.

[21] 于默颖. 明蒙关系研究：以明蒙双边政策及明朝对蒙古的防御为中心 [D]. 呼和浩特：内蒙古大学，2004.

[22] 王秀. 重庆山地古镇风水选址评价研究：以安居古镇和龚滩古镇为例 [D]. 重庆：重庆师范大学，2016.

[23] [清] 张廷玉等. 明史 [M]. 北京：中华书局，1974.

[24] 杨保军，王军. 山水人文智慧引领下的历史城市保护更新研究 [J]. 城市规划学刊，2020（2）：80-88.

[25] 吴晶晶. 陕西高家堡古镇空间形态演进及其用地结构研究 [D]. 西安：西安建筑科技大学，2008.

[26] 李严. 榆林地区明长城军事堡寨聚落研究 [D]. 天津：天津大学，2004.

[27] 田云雨. 文化景观视角下高家堡古镇空间形态研究 [D]. 西安：西安建筑科技大学，2023.

图书在版编目（CIP）数据

高家堡古镇 / 史怀昱主编；魏博，姚海旭副主编；陕西省城乡规划设计研究院组织编写. -- 北京：中国建筑工业出版社，2024.12. --（陕西历史文化名镇系列丛书）. -- ISBN 978-7-112-30689-3

Ⅰ. K294.15

中国国家版本馆CIP数据核字第2024FM8256号

责任编辑：费海玲　张幼平
责任校对：王　烨

陕西历史文化名镇系列丛书
高家堡古镇
史怀昱　主　编
魏　博　姚海旭　副主编
陕西省城乡规划设计研究院　组织编写

*

中国建筑工业出版社出版、发行（北京海淀三里河路9号）
各地新华书店、建筑书店经销
北京雅盈中佳图文设计公司制版
北京富诚彩色印刷有限公司印刷

*

开本：889毫米 × 1420毫米　1/32　印张：$7\frac{3}{8}$　字数：212千字
2025年1月第一版　2025年1月第一次印刷
定价：**98.00**元
ISBN 978-7-112-30689-3
　　　（43639）